# 软件估算的艺术

[美] 史蒂夫·麦康奈尔（Steve McConnell） 著　杨志昂 译

U0252303

清华大学出版社
北 京

# 内 容 简 介

　　本书介绍了如何估算项目进度和成本以及在给定时间框架内可以交付的功能,讲解了如何避免常见的软件估算错误,个人、团队和组织如何估算,介绍了项目中的特定活动,包括开发、管理和缺陷修复等。全书共 23 章,不仅包含严谨的建模技术,还呈现了大量真实的、来自软件行业的实践经验。

　　作为权威独特影响力大的专业估算指南,本书为现实世界中的软件项目开发成本估算提供了经济实用的建议,尤其适合软件行业的技术人员和技术管理人员参考与阅读。

**北京市版权局著作权合同登记号　图字:01-2018-8804**

Authorized translation from the English language edition, entitled SOFTWARE ESTIMATION: DEMYSTIFYING THE BLACK ART, 1st Edition by MCCONNELL, STEVE, published by Pearson Education, Inc, publishing as Microsoft Press, Copyright ©2006 by Steve McConnell.

All rights reserved. No part of this book may be reproduced or transmitted in any form or by any means, electronic or mechanical, including photocopying, recording or by any information storage retrieval system, without permission from Pearson Education, Inc.

CHINESE SIMPLIFIED language edition published by TSINGHUA UNIVERSITY PRESS LIMITED, Copyright ©2020.

本书简体中文版由 Pearson Education 授予清华大学出版社在中国大陆地区(不包括香港、澳门特别行政区以及台湾地区)出版与发行。未经许可之出口,视为违反著作权法,将受法律之制裁。

本书封底贴有 Pearson Education 防伪标签,无标签者不得销售。

版权所有,侵权必究。侵权举报电话:010-62782989　13701121933

图书在版编目(CIP)数据

　　软件估算的艺术/(美)史蒂夫·麦康奈尔(Steve McConnell)著;杨志昂译. 一北京:清华大学出版社,2020.6
　　书名原文:Software Estimation: Demystifying the Black Art
　　ISBN 978-7-302-54225-4

　　Ⅰ.①软… Ⅱ.①史… ②杨… Ⅲ.①软件开发 Ⅳ.①TP311.52

　　中国版本图书馆 CIP 数据核字(2019)第 270802 号

责任编辑:文开琪
封面设计:李　坤
责任校对:周剑云
责任印制:杨　艳
出版发行:清华大学出版社
　　　　　网　　　址:http://www.tup.com.cn, http://www.wqbook.com
　　　　　地　　　址:北京清华大学学研大厦 A 座　　　　　邮　　编:100084
　　　　　社 总 机:010-62770175　　　　　　　　　　　邮　　购:010-62786544
　　　　　投稿与读者服务:010-62776969, c-service@tup.tsinghua.edu.cn
　　　　　质量反馈:010-62772015, zhiliang@tup.tsinghua.edu.cn
印 装 者:北京嘉实印刷有限公司
经　　销:全国新华书店
开　　本:178mm×230mm　　　印　张:19　　　字　数:417 千字
版　　次:2020 年 6 月第 1 版　　　　　　　　　印　次:2020 年 6 月第 1 次印刷
定　　价:69.00 元

产品编号:081971-01

# 译 者 序

很高兴清华大学出版社能够引进这部经典,我也很荣幸担任本书的译者。我曾经在爱立信研发从软件程序员到各级管理岗位摸爬滚打 8 年之久,后来加入非研发部门之后,日常工作中仍然与研发部门有密切的合作。不论是在研发内部还是在研发外部,软件是否能以可接受的质量水平在预算内按时发布,一直都是公司上下特别关注的重要问题。加上如今研发部门普遍进行了敏捷转型,在上市(time-to-market)压力下有更频繁的版本发布和客户实地测试,而软件特性日新月异,很多团队都是边做边学,对软件做估算和重估算是软件工作不可分割的一部分。

让我惊喜不已的是,虽然这本书英文原著出版于 2006 年,但对于当前的软件行业本书依然有相当广泛的实用性。相信大家看完这本书之后,可以立即运用本书中所描述的很多技巧。史蒂夫•麦康奈尔是 Construx 软件公司的首席软件工程师,主导了该公司的两款估算软件并赢得过软件开发杂志的生产力大奖。与一般的软件公司不一样的是,Construx 由于自身业务的特殊性,不仅能观察总结公司内部的经验教训,还广泛地采集和分析无数外部商业客户的大量相关数据。在这样的背景下,史蒂夫•麦康奈尔既对估算的数学科学模型有通透的理解,也深谙客户实际操作中在估算方面失败和成功背后的心理和驱动。在完备的理论知识和实战经验之上,作者用深入浅出的方式,在本书中描写了软件估算的方方面面。本书对于项目规模、软件开发类型及编程语言等影响软件估算和软件项目的重要因素有非常科学精准的分类方法,每个从事软件的组织或个人都能从中找到适合自己的方法。书中既包含了行业平均水平的大量参考数据,也详尽地给出了在组织内部收集历史数据进行量体裁衣式的自我校准的指导意见。经典永不褪色,发展的是编程技术,是开发的内容,但万变不离其宗,软件估算和软件项目管理的相关基石一直静静地伫立在那里,等待迷途的软件从业者回来拂去上面的尘埃。

我们的大学教育，更侧重于工程技术相关的知识，在工作之前学生大多认为软件工作就是单纯地编程，对围绕软件程序的各种项目管理知识了解甚少。即使项目管理相关的书籍，提及软件估算，往往是站在项目经理的角度，直接获得估算的结果，而并未展开讨论具体应该怎么做。软件行业中很多软件程序员性格内向，很少与项目管理人员主动沟通，于是在公司里，软件程序员和项目管理人员的对立情绪相当普遍。软件程序员怪项目经理"不懂技术"，项目经理总觉得程序员的承诺和估算"不靠谱"。在中国的软件行业中，本地企业常面临异常激烈的同行业竞争，外企不仅承载了母公司的行业竞争如今还常常面临和全球其他同质的开发团队的竞争，在这些压力下，刻意"低估"来缩减工期和成本的做法屡见不鲜。希望准备投身软件行业的在校学生能早点读到这本书，对这个行业有更立体的了解，更希望每一位置身软件行业的从业者，无论是程序员、团队负责人，研发经理、项目经理都能读一遍这本书，纠正一些过往的常见错误，让软件团队用科学客观的方式做出估算和承诺，并以令人信服的方式向非技术人员展示估算，让日常工作少一些对立误解，多一些融洽包容和齐心协力。

2009 年，马云曾经带队前往美国一流公司考察，问谷歌他们认为自己的竞争对手是谁。拉里·佩奇（Larry Page）回答说是 NASA（美国国家航空和宇宙航行局），因为 NASA 虽然开出的工资并不高，但依然能够源源不断地挖走 IT 行业的高精尖人才。前几天恰好近距离去感受了 NASA 这个传奇组织的魅力，去参观 NASA 位于休斯顿的太空中心，感觉自己彷佛置身于科幻场景之中，尤其是站在上个世纪六七十年代制造的巨大的土星 5 号运载火箭面前，惊叹于人类的智慧和汗水竟然能创造出如此精密的庞然大物。本书恰好也举了 NASA 软件开发的例子，一个成熟的大型软件组织，怎么通过经年累月的经验积累，高效地执行软件估算。中国本土的大多软件公司还很年轻，相信其中一些公司一定能摆脱稚嫩，在不远的未来成功转型为更成熟高效的公司，希望这本书中的指南能让这些公司在成长中少走一些弯路。

翻译完这本书，也不免吐槽一下自己，翻译这本书的过程就是自己不断用书中知识打脸的过程。不仅仅是因为回想起软件项目中曾经经历过的的各种挣扎而膝盖不断中枪到发软，更因为在翻译本书的过程中自己所犯下的种种估算错误。我的估算能力如何呢？做第 2 章的小测验只对了 3 道题，本应该对自己的即兴估算能力有更清醒的认识。然而，没有自知之明的后果是，翻译这本书一共花费了两倍于最初估算的时间。而后期实际使用的错误修复时间也远超之前对于这一部分工作的估算。幸亏整个过程中一直使用燃尽图（Burn-down Chart）来记录，不断修正估算，才逐步恢复自己对进度把控的信心。这也进一步说明了本书作者的观点，估算和项目控制相辅相承，缺一不可。

如果你在读这本书的过程中也因为日常犯下的种种错误时不时地感觉自己被打脸，火辣辣的，那么恭喜你，自省是改变未来的第一步，亘古不变。中国正处于软件行业发展的大好时代，人们已经越来越习惯于 IT 业和互联网给生活带来的无处不在的便利，小到各种智能传感器控制器的逻辑，大到国家超级工程中的精密控制，可谓无处不软件。软件行业未来的征途，必定是星辰大海。

推荐大家带着这本书的知识与智慧，扬起风帆，原力加持，勇敢地驶向星辰大海。

# 前　　言

作为成本估算人员，在成长过程中最糟糕的那三年简直就像在五年级时做算术题。

——奥古斯丁（Norman R. Augustine）

软件估算并不困难。40 年来，专家们一直在研究和撰写关于软件估算的文章，随之开发出来支持准确估算的技术数不胜数。创建准确的估算是一件直截了当的事，一旦我们理解了如何创建它们。但是，并非所有的估算实践都是直观明了的，即便是再聪明的人也做不到独自一人发掘出所有的优秀实践。更何况在软件行业中，实际上，某人是专业的开发人员并不代表此人一定是一名专业的估算人员。

估算涉及的方方面面并不像表面看起来那么简单。许多所谓的"估算问题"，产生的原因是由于误解了什么是估算，或者混淆了其他类似但并不相同的概念。一些直观上有效的估算实践并不能产生准确的结果。直接套用复杂的公式有时弊大于利，一些看似简单的方法反而却能产生不可思议的准确结果。

这本书提炼了 40 年的科学研究和几十年的软件行业实践经验，以求帮助软件开发人员、团队领导、测试人员和管理人员成为高效的估算人员。由于影响软件估算的因素本身就直接与软件开发紧密相关，所以对于软件估算的学习在软件行业里是广泛适用的。

## 软件估算的艺术与科学

目前关于软件估算的研究主要集中在改善估算技术，从而使得成熟的组织可以让项目结果落入估算结果上下浮动 5%而非上下浮动 10%的误差范围。这些技术往往有令人眼花缭乱的数学模型。理解这些模型需要很强的数学背景和长年累

月的专业学习，而使用这些数学模型需要捣鼓的数值计算更是远远超出了我们
手边计算器的能力。这些估算技术嵌入商业软件估算工具中会有卓越的表现。
我在此将此类实践统称为估算科学。

然而，现实中典型的软件组织，并非正在努力将他们软件估算的精度从上下浮
动 10%提升至上下浮动 5%。典型的软件组织正在努力避免 100%或更夸张的错
误估算。其背后原因林林总总，各不相同，将在第 3 章和第 4 章详细阐述。

下面这样的复杂公式总是让人自然而然地产生一种信任：

$$工作量 = 2.94 * (KSLOC)^{[0.91 + 0.01 * \sum_{j=1}^{5} SF_j]} * \prod_{i=1}^{17} EM_i$$

人们认为，如此复杂的公式总是能比下面这样的简单公式产生更准确的结果：

$$工作量 = 需求数量 \times 平均工作量 / 需求$$

但是，复杂的公式不一定更好。软件项目受到许多因素的影响，而这些因素会
破坏估算科学这些复杂公式中包含的诸多假设。本书后面内容会对这些动态变
化进行解释。除此之外，还有一个原因是，大多数软件从业者既没有时间也没
有兴趣去学习必要的大量数学知识来充分理解估算科学。

因此，本书更关注经验法则、流程规则和简单公式，这些对于实践中的软件专
业人员来说是易于理解和立竿见影的。这些技术不会帮你的项目产生±5%的准
确估算，但有助于把估算误差减少到 25%或更少，而这一结果正是现实中大多
数项目所需要的。不管怎样，我把这些技术称为"估算的艺术"。

这本书借鉴了关于软件估算的艺术性和科学性研究，但是本书的侧重点还是放
在软件估算艺术之上。

# 本书的目的和目标读者

关于软件估算的文献相当地分散。研究人员已经发表了数百篇相关文章，其中
不乏诸多有用的篇章。但是，典型的软件从业人员并没有时间从默默无闻的技
术期刊中大海捞针地找到几十篇有用的论文。有一些以前的书籍描述了估算的
科学。但这些书通常长达 800～1000 页，需要读者有深厚的数学背景，而且这
些书籍的主要目标读者是专业估算人员，即经常估算大型项目的顾问或专家。

我为软件开发人员、团队负责人、测试人员和管理人员写了这本书。这些人的
日常工作职责之一，就是时不时地需要为项目创建软件估算。我相信大多数实

践者有意愿想要提高他们估算的准确性，但却没有时间去攻读一个软件估算的博士学位。这些实践者努力挣扎在解决实际问题的第一线，在工作中经常困扰他们的是如何合理展示估算结果以被他人接受，如何尽力避免他人武断专制地篡改估算结果。如果你也属于这样一类人，那么这本书就是为你而写的。

本书中的技术广泛适用于互联网和内联网开发、嵌入式软件、零售商业软件、商业系统软件、全新开发项目、基于旧系统的开发、大型项目和小型项目，本质上来说，适用于各种软件的估算。

## 本书亮点

聚焦于估算的艺术，本书提供了许多关于估算的真知灼见。

- 什么是估算？你可能认为自己早就知道什么是估算，但是一些针对这个术语的不准确用法会损害有效的估算。
- 导致以往估算不准的具体因素。
- 甄别好的估算方法和坏的估算方法。
- 多项技术助力亲手创建良好的估算。
- 一些技术，可以用来帮助团队中的其他人创建良好的估算。
- 一些方法，组织可以基于它们创建良好的估算。个人技术、团队技术和组织技术之间有较大区别。
- 适用于敏捷项目的估算方法以及适用于传统的、串行性（计划驱动的）项目的方法。
- 一些适用于小型项目的估算方法，一些适用于大型项目的估算方法。
- 在围绕软件估算的强势政治环境中如何进退自如。

除了可以帮助更好地理解估算概念，本书中的实践还将帮助估算软件项目的一些具体参数，如下所述。

- 开发全新产品的工作，包括时间进度、工作量和成本。
- 在旧系统之上再开发的时间进度、工作量和成本。
- 在一个特定的开发迭代中，可以交付多少软件特性。
- 当时间进度和团队规模固定时，整个项目可以交付的软件功能数量。
- 除软件开发之外，估算其他各种活动的比例，包括需要多少管理工作、需求、构建、测试和缺陷修正活动。
- 估算项目规划参数，例如成本和进度之间的权衡、最佳团队规模、应急缓冲区的设置、开发人员与测试人员的比例等。

- 估算项目质量参数，包括缺陷修正工作所需的时间，在软件最终发布时仍然遗留的缺陷数量，以及其他因素。
- 实际工作中想要估算的任何东西。

在许多情况下，本书的实践可以立即运用于实际工作中。

虽然，大多数实践者并不需要更进一步，只需要运用本书中描述的概念就足以改善日常工作中的估算。但如果有个人意愿进一步学习更深奥的数学方法，本书中的概念也能为你继续深入学习铺下坚实的基础。

## 本书不涉及的内容

这本书并不会讨论如何估算那些规模超级大的项目，比如超过 100 万行代码，或者超过 100 个人年的项目。超大项目应该由专业的估算人员进行估算，和一般软件从业者不一样，这些估算行业的佼佼者阅读过数十篇不知名的期刊文章，研究过那些 800~1000 页的科学巨著，熟悉商业估算软件，并且在估算的艺术和科学方面都游刃有余。

## 从哪里开始读这本书

从哪里开始读这本书，取决于你想从本书中获得什么。

**如果买这本书是因为现在马上就要开始进行估算……**推荐从第 1 章开始，然后转到第 7 章和第 8 章。然后，请进一步浏览第 10~20 章的技巧，找到对你而言最立竿见影的技巧。顺便提一句，本书的估算技巧提示在文本中均突出显示并编号，所有技巧（总共 118 条）也在包含在附录 C 中。

如果你想提高个人估算技能，或者想提高组织的估算跟踪记录，或者想对软件有一个更深刻的综合理解，推荐你通读整本书。如果你想在深入细节之前先了解通用原则，那就按顺序来阅读这本书。如果想先了解细节，然后从细节中得出一般结论，可以从第 1 章开始，接着阅读第 7 章到第 23 章，然后再回去阅读跳过的前几章。

# 致　　谢

我一向对互联网所带来的高质量工作方式惊讶不已。还记得，我第一本书的手稿几乎全部由住在距离我 50 英里范围以内的人审阅校订。现在这本书的原稿却在 13 个国家（阿根廷、澳大利亚、加拿大、丹麦、英国、德国、冰岛、荷兰、北爱尔兰、日本、苏格兰、西班牙和美国）的人员之间广泛审阅和评论。这本书实在是名符其实的"集思广益"，从中受益匪浅。

首先感谢对书中大多数重要部分都贡献了审阅评论的诸位：Fernando Berzal，Steven Black，David E. Burgess，Stella M. Burns，Gavin Burrows，Dale Campbell，Robert A. Clinkenbeard，Bob Corrick，Brian Donaldson，Jason Hills，William Horn，Carl J. Krzystofczyk，Jeffrey D. Moser，Thomas Oswald，Alan M. Pinder，Jon Price，Kathy Rhode，Simon Robbie，Edmund Schweppe，Gerald Simon，Creig R. Smith，Linda Taylor 和 Bernd Viefhues。

同时也要感谢审阅本书部分内容的诸位：Lisa M. Adams，Hákon Ágústsson，Bryon Baker，Tina Coleman，Chris Crawford，Dominic Cronin，Jerry Deville，Conrado Estol，Eric Freeman，Hideo Fukumori，C. Dale Hildebrandt，Barbara Hitchings，Jim Holmes，Rick Hower，Kevin Hutchison，Finnur Hrafn Jonsson，Aaron Kiander，Mehmet Kerem Kiziltunç，Selimir Kustudic，Molly J. Mahai，Steve Mattingly，Joe Nicholas，Al Noel，David O'Donoghue，Sheldon Porcina，David J. Preston，Daniel Read，David Spokane，Janco Tanis，Ben Tilly 和 Wendy Wilhelm。

我特别要感谢 Construx 公司负责估算工作坊的各位教练。经过多年令人兴奋的讨论，我往往无法分辨出最初哪些想法是由我提出的，哪些是由他们提出的。在此感谢 Earl Beede，Gregg Boer，Matt Peloquin，Pamela Perrott 和 Steve Tockey。

本书的重心在于，估算是一门艺术，但对估算的简化完全是基于过去几十年中无数研究人员前仆后继地把估算当作为一门科学的专研成果。我衷心感谢估算科学的三位巨人：鲍伊姆（Barry Boehm）、琼斯（Capers Jones）和普特兰（Lawrence Putnam）。

与本书的项目编辑马斯格雷夫（Devon Musgrave）合作，再次成为我的荣幸，谢谢你！助理编辑麦凯（Becka McKay）也在细心帮助完善我的原稿。还要感谢微软出版社的其他工作人员，包括 Patricia Bradbury，Carl Diltz，Tracey Freel，Jessie Good，Patricia Masserman，Joel Panchot 和 Sandi Resnick。感谢索引员 Seth Maislin。

最后，要感谢我的妻子阿希莉（Ashlie），有妻如此，夫复何求！

# 著译者简介

史蒂夫·麦康奈尔（Steve McConnell），Construx 软件公司的首席软件工程师，负责领导公司的软件工程实践。史蒂夫是软件工程知识体系（SWEBOK）项目中构建知识领域的负责人。史蒂夫先后在微软、波音和西雅图地区的其他公司做软件项目。

史蒂夫是《快速开发》（1996）、《软件项目的艺术》（1998）、《软件开发的艺术》（2004）和《代码大全 2》的作者。他的书曾经两次获得《软件开发》杂志的年度杰出软件开发书籍奖。史蒂夫也是 SPC 估算专家软件的首席开发人员，该软件获得《软件开发》生产力奖。1998 年，《软件开发》杂志的读者将史蒂夫与比尔·盖茨（Bill Gates）和莱纳斯·托瓦兹（Linus Torvalds）并列为软件业最有影响力的三大人物。

史蒂夫在惠特曼学院获得学士学位，在西雅图大学获得软件工程硕士学位。他生活在华盛顿的贝尔维尤地区。

如果对本书有任何评论或问题，请通过电子邮件 steve.mcconnell@construx.com 或 www.stevemcconnell.com 联系作者。

---

杨志昂，Doris，男生名女生的命，理工脑文艺心，当过程序媛，做过管理者，时而理性，时而感性，可严密论证，可天马行空，个性既矛盾又综合。好学好问，门门懂样样求精的"万精油"型人才。翻译作品有《同理心：沟通、协作与创造力的奥秘》、《代码大全 2》（纪念版）与《向上一步：精益敏捷中的增长思维与实践》。

# 目　　录

## 第I部分　估算的关键概念

# 第 II 部分　基本估算技术

## 第 III 部分　估算所面临的具体挑战

# 第 I 部分　估算的关键概念

# 第 1 章

# 什么是估算

> 没有使用定量方法、几乎没有数据支撑且主要由管理者的预感来决定的估算，人们很难为之进行激情洋溢、合情合理且还冒着失业风险的辩护。
>
> ——布鲁克斯（Fred Brooks）

你可能认为你自己早就知道什么是估算。而我的目标是在本章结束时能够说服你"估算并不同于大多数人之前的想法"。一个良好的估算和人们之前的认知差异更大。

下面是《美国传统词典》第 2 版（1985 年）对 estimate 一词的定义："1. 尝试性的评估或粗略的计算；2. 项目成本的初步计算；3. 基于印象的判断或见解。"

这些听起来像我们在进行估算时必须要做的事情吗？是否有人要求你做一个尝试性或初步的计算，也就是说，希望以后能对此时的想法做出调整？

或许并非如此。当高层管理者要求有一个"估算"时，通常是要求一个承诺或一个实现目标的计划。估算、目标和承诺之间的区别，对于理解什么是估算、什么不是估算以及如何更好地进行估算至关重要。

## 1.1 估算、目标和承诺

严格地说，词典对估算的定义是正确的：估算是对项目将花多长时间或花多少成本的预测。但是软件项目的估算与商业目标、团队承诺和项目控制相互影响又相互作用。

目标是对理想商业目标的陈述。典型的例子如下所示。

- "我们需要在 5 月份的贸易展上演示 2.1 版本。"
- "我们需要赶在节假日促销季到来之前发布稳定版本。"
- "这些功能需要在 7 月 1 日之前完成,这样我们才能合乎政府的相关规定。"
- "我们必须将下一个版本的成本控制在 200 万美元以内,因为这是我们对该版本所能提供的最大预算。"

企业有重要的理由建立独立于软件估算的目标。但一个目标是美好的,甚至是强制性的,并不一定意味着它是可以实现的。

目标是对理想商业目标的描述,而承诺是在特定日期之前以特定质量级别交付已定义功能的保证。承诺可以和估算相同,也可以比估算更激进或更保守。换句话说,请不要假设承诺必须与估算相同,承诺和估算是两个不同的概念。

 #1  区分估算、目标和承诺。

## 1.2  估算与计划的关系

估算和计划是相关的两个主题,但是估算不是计划,计划也不是估算。估算应被视为一种公正客观的分析过程;计划应该视为一个带有主观偏见并刻意追求目标的过程。对于估算而言,想要估算得出任何特定的答案都是危险有害的。估算的目标应当是准确性,而不是寻求一个特定的结果。但是,计划的目标是寻求一个特定的结果。我们可以故意(当然是适当地)偏离我们的计划以达到特定的结果。我们计划用特定的方法和手段来达到一个具体的目标。

估算是计划的基础,但计划并不总是与估算相同。如果估算与目标差异极大,项目计划必须承认二者之间的差距,并承担与之相应的高风险。如果估算值接近目标,那么计划可以承担相对较小的风险。

估算和计划都很重要,但是这两种活动之间的根本区别意味着,将两者混为一谈往往会导致糟糕的估算和糟糕的计划。一个强势的计划目标的存在,可能导致用目标直接去替代本应客观分析得出的估算;项目成员甚至可能将目标直接称为"估算",让它堂而皇之顶着一个本不应该有的客观性光环。

以下是某种程度上依赖于准确估算的项目计划考虑:

- 制定详细的时间进度
- 识别项目的关键路径
- 创建一个完整的工作分解结构
- 为交付确定功能的优先级排序
- 将项目分解为多个迭代

准确的估算有助于在这些领域工作更顺利地开展，第 21 章"估算项目规划参数"将更详细地讨论这些主题。

## 1.3　关于估算、目标和承诺的沟通

有时各方面项目干系人错误的沟通方式，会进一步暗示估算和计划之间既密切又迷惑的关系。下面是一个典型的错误沟通例子：

> **高管**：你认为这个项目需要多长时间？我们需要在 3 个月内为贸易展准备好这个软件。我不能够给你更多的团队成员，所以你只能用现在的团队做这个软件。下面是我们需要的特性列表。

> **项目负责人**：好的，让我处理一些数字，然后给你答复。

后来……

> **项目负责人**：根据我们的估算，这个项目需要 5 个月的时间。

> **高管**：5 个月！？你之前没听见我在说什么吗？我说我们需要在 3 个月内为贸易展准备好这个软件！

在这样的互动中，项目负责人可能会认为高管根本不讲道理，因为他要求团队在 3 个月内交付 5 个月才完得成的软件功能。高管也会怒气冲冲地挥袖离去，他认为项目负责人并没有真正"了解"商业现实，因为他无法理解为 3 个月后的贸易展做好准备对公司的业务有多么重要。

请注意，在这个例子中，高管并没有真正要求做出估算，事实上，他要求项目负责人提出一个达到目标的计划。大多数高管没有技术背景，因此往往无法清晰地区分估算、目标、承诺和计划。因此，将高管的请求转译为更具体的技术术语就变成了技术负责人的职责。

下面是一种更富有成效的互动方式：

高管：你认为这个项目需要多长时间？我们需要在 3 个月内为贸易展准备好这个软件。我不能够给你更多的团队成员，所以你只能用现在的团队做这个软件。下面是我们需要的特性列表。

项目负责人：首先请让我确定我理解了你的要求。对我们来说，哪一项更重要，100%交付这些特性，还是为贸易展准备一些可用的东西？

高管：我们必须得为贸易展准备一些东西。如果可能的话，我们希望100%交付这些特性。

项目负责人：我想确保我尽可能完成你的高优先级任务。如果我们最终不能在展会前交付 100%的功能，我们是该准备在展会到来时交付我们已经完成的功能，或是计划将交付日期推迟到展会之后？

高管：我们必须为贸易展准备一些东西，所以如果到了紧要关头，我们必须为展会发布软件，即使它不是我们原本想要的 100%。

项目负责人：好的，我将制定一个计划，在接下来的 3 个月内尽量多交付功能。

**#2**    要求提供估算时，首先弄清楚是要做估算还是要设法达到目标。

## 1.4　用概率表述估算

如果现实中四分之三的软件项目都超出预期估算，那么可以这么说，任何给定的软件项目按时按预算顺利完成的可能性都不会是 100%。一旦我们认识到按时完成任务的概率不是 100%，一个显而易见的问题就会冒出来："如果成功的概率不是 100%，那么是多少？"这也是软件估算的核心问题之一。

通常，软件估算用单个数字来表示，例如"这个项目要花 14 周的时间。"这种简单的单点估算毫无意义，因为表述中不包括与该单点相关的任何概率数值。这种表述方式意味着如图 1-1 所示的概率分布，唯一可能的结果就是给定的单点。

单点估算往往是伪装成估算的目标。很偶然的情况中，单点估算代表了一种更复杂的估算得出的结果，只是这种估算在计算过程中被剥离了其有意义的概率信息。

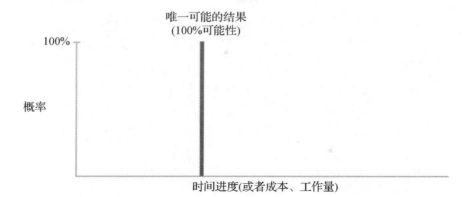

图 1-1 单点估算实质上假定实际结果 100%概率等于计划结果。这当然是不现实的

**#3** 当看到一个单点的"估算"时，先弄清楚这个数值实际上是一个估算，还是一个目标。

要做到准确的软件估算，首先要承认软件项目总是受到来自各方的不确定因素的干扰。总体来讲，这些方方面面的不确定性来源意味着项目结果会遵循概率分布，有些结果可能性高，有些结果可能性低，而结果有很大可能性落在概率分布的中间部分。我们可能期望项目结果的分布看起来像一个常见的正态分布钟形曲线，如图 1-2 所示。

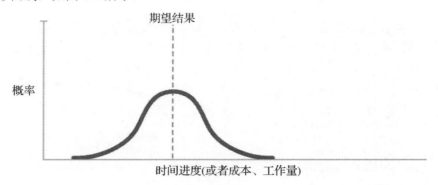

图 1-2 一个常见的假设是软件项目结果概率分布遵循钟形曲线。其实这种假设也是不正确的，因为项目团队完成既定工作量的效率是有限的

曲线上的每个点表示项目恰好在那个日期完成的几率（或者恰好花那么多成本）。曲线下的所有面积之和是 100%。这种概率分布承认存在广泛结果的可能性。但是，关于结果在期望值左右对称分布的假设是不成立的。实际情况中，一个项目执行的优秀程度有限，这意味着分布左侧的头部会呈截断形状，而不

是像钟形曲线那样向左侧无限延伸。虽然一个项目执行的优秀程度有限的，但一个项目执行的恶劣程度却是没有限度的，因此概率分布在右侧尾部无限地延伸出去。

图 1-3 显示了软件项目结果概率分布更准确的表示。

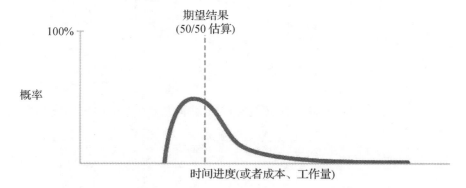

图 1-3    软件项目结果更准确的描述。项目执行的优秀程度有限，但问题的数量无限

图中垂直方向的虚线显示的是"期望"的结果，也是"50/50"的结果，即项目完成得更好的可能性为 50%，完成得更糟的可能性为 50%。在统计学中，这称为"中值"。

图 1-4 显示了这种概率分布的另一种表示方法。相对于图 1-3 显示了在特定日期之内交付的概率，图 1-5 显示了在每个特定日期或更早交付的概率。

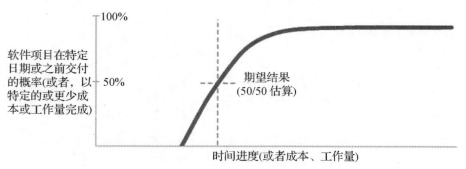

图 1-4    软件项目在特定日期或之前交付的概率（或者以特定或更少成本或工作量完成）

图 1-5 以另一种方式展示了项目结果的概率。从图中可以看出，光秃秃的"18周"这样的估算结果遗漏了有用的概率信息，即 18 周内完成只有 10%的可能性。"18～24 周"这样的估算则包含更多有用信息，表述了项目成果的范围。

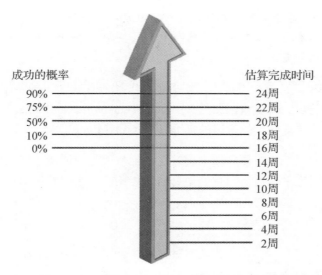

成功的概率 　　　　　　　　　　估算完成时间

- 90% — 24周
- 75% — 22周
- 50% — 20周
- 10% — 18周
- 0% — 16周
- — 14周
- — 12周
- — 10周
- — 8周
- — 6周
- — 4周
- — 2周

图 1-5　所有的单点估算都带了相应的概率信息，无论是显式或隐式

> **#4** 当看到一个单点估算时，这个数值的概率不会是 100%，请问这个数值的概率是多少？

可以用多种方式表示与估算相关的概率。可以在单点数值上附加一个"百分比置信度"，例如："我们对 24 周的计划有 90%的信心。"还可以将估算描述为最好和最坏的情况，这也蕴含着一种可能性："我们估算最好的情况是 18 周，最坏的情况是 24 周。"或者，可以简单地将估算结果描述为一个范围，而不是一个单点数值："我们的估算是 18 到 24 周。"无论采用哪种方法，关键点是所有的估算都包含一个概率，不管这个概率是以直白还是隐含的方式表述的。有清晰阐述的概率信息，是良好估算的标志之一。

接着，可以基于估算给出承诺，无论是偏向乐观极端情况或悲观极端情况，或者在二者中间的任何位置。重要的是我们要知道自己的承诺落在什么范围内，这样随后才能做出相应的计划。

## 1.5　"好的"估算的常见定义

前面给出了什么是"估算"这个问题的答案，但仍然留给我们另一个问题：什么才是好的估算。估算专家对于好的估算提出了不同的定义。琼斯（Capers

Jones）<sup>①</sup>曾经说过，准确到上下浮动 10% 的估算是可能的，但只有在控制得当的项目中才会出现（Jones 1998）。而混乱的项目有太多的可变性，无法达到这样的准确度。

1986 年，三位教授提出，好的估算方法应该在 75% 的使用时间中提供与实际结果偏差在 25% 以内的估算（Conte，Dunsmore，and Shen 1986）。该评价标准是评价估算准确度最常用的标准（Stutzke 2005）。

许多公司报告的估算结果接近这三位教授与琼斯所建议的准确度。图 1-6 显示了与美国空军一系列项目的估算结果相比较的实际结果。

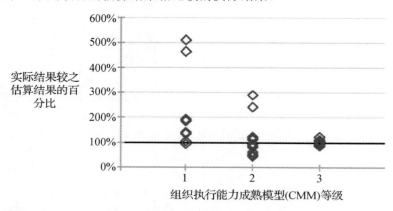

资料来源：    "A Correlational Study of the CMM and Software Development Performance" (Lawlis, Flowe, and Thordahl 1995)

图 1-6    美国空军项目估算的改进。随着组织发展到更高的能力成熟模型（CMM）等级<sup>②</sup>，项目的可预测性得以显著的提高

图 1-7 显示了波音公司和美国空军项目类似的改进计划的结果。

最后再举一个类似的例子，如图 1-8 所示，来自斯伦贝谢公司的改进估算结果。

---

① 最新代表作有中文版《软件工程通史 1930—2019》，扫码了解详情和样章。
② 能力成熟度模型（Capability Maturity Model，CMM）是由软件工程研究所（Software Engineering Institute）定义的用于估算软件组织实效性的系统。

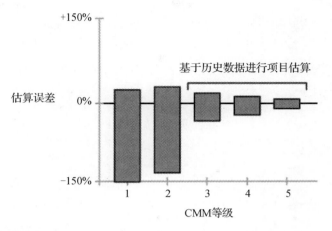

图 1-7　波音公司估算的改进。与美国空军的项目一样，在较高的 CMM 等级上，项目的可预测性得以显著改善

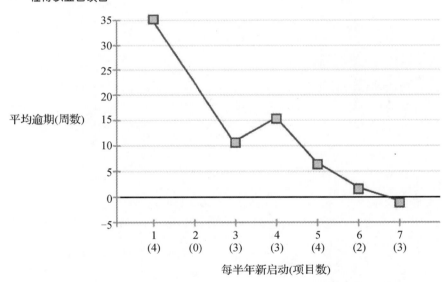

图 1-8　斯伦贝谢将其估算准确度提升，项目执行超过估算的平均差异值从 35 周提到少于 1 周

我的一个客户公司按时并在预算内交付了 97% 的项目。Telcordia 公司[①]的报告显

___

[①] 中文版编注：该公司 2011 年被爱立信以 11.5 亿美元收购，是一家通信技术公司，全球顶级的 OSS（运营支撑系统）软件和服务提供商，尤其擅长于做资源管理、实时计费和网管软件。前身为 Bellcore，编制有一系列光器件的可靠性标准。

示，它按时并在预算内交付了 98%的项目（Pitterman 2000）。许多其他公司也
发布了类似的结果（Putnam and Myers 2003）。根据上述琼斯的定义和三位教授
（Conte，Dunsmore，and Shen）的定义，这些组织正在创建良好的估算机制。
然而，这两个定义中都缺少一个重要的概念，即仅仅通过估算实践是无法实现
准确的估算结果的，这与有效的项目控制也密不可分。

## 1.6  估算和项目控制

有时候，当人们谈及软件估算时，是将估算视为一种纯粹的预测活动。这种预
测活动就好像是由一名坐在外太空某处的公正无私的估算人员所做出的客观估
算，他完全独立于项目规划和优先排序这些“地面活动”。

在现实中，几乎没有纯粹的软件估算。如果想要一个海森堡测不准原理应用于
软件的例子，估算活动就是这样一个例子。海森堡测不准原理是指单是观察一
件事物就可能使之改变，因此，你永远无法确定它在你不观察它的情形下会是
什么表现。一旦我们做出了估算，并基于估算，作出在某个日期之前交付功能
并保证特定质量的承诺，然后我们就会努力控制项目以达到目标。典型的项目
控制活动包括删除非关键需求、重新定义需求、用更有经验的人员替换经验较
少的人员等等。图 1-9 展示了这些项目动态。

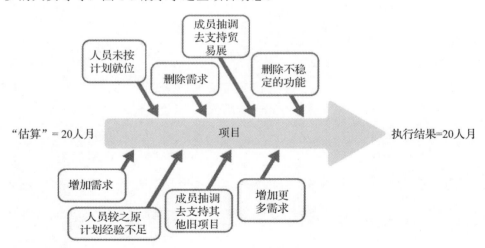

图 1-9  从启动到交付，项目发生了很大的变化。这些变化通常已经大到足以使得最终交付的项
目内容与最初估算的项目不一样。尽管如此，如果结果与估算相似，我们仍然称该项目
与其估算是吻合的

除了项目控制活动之外，项目还经常受到不可预见的外部事件的影响。比如，项目团队可能需要创建一个临时版本来支持一个关键客户。项目成员可能会被抽调去支持一个旧项目，如此等等。

在项目期间发生的事件几乎总是让最初用于估算项目的假设宣告无效。针对软件功能的假设可能改变，针对人员配置的假设可能改变，还有优先级顺序也可能改变。由于最终交付的软件项目早已不再是最初估算的项目，因此本质上不可能对项目估算的准确度进行清晰的分析评估。

在实践中，如果交付的项目发布的功能规模，占用的资源级别，使用的时间与原计划原目标大体上相近，那么我们通常说项目"与其估算相吻合"，尽管此说法暗示这样的分析中有各种出入。

因此，"好的"估算的标准不能基于它的预测能力，因为这是不可能被评估的，而应该基于该估算支持项目顺利完成的能力，这将我们带入下一个主题：估算的适当定位。

# 1.7　估算的真正目的

假设，你正在为旅行做准备并决定带哪个行李箱。你有一个小行李箱，你喜欢它，因为它携带方便，还可以装进飞机座位上方的行李架。你还有一个大行李箱，你并不喜欢它，因为带着它你得先办理托运，到达后还得去提取行李，这会耽误你的旅行时间。你把衣服放在小行李箱旁边，看上去行李箱大小是能容纳这些衣物的。这时你会做什么呢？你可能会试着非常仔细地把衣物打包叠好，争取不浪费任何空间，希望把它们都装进去。如果这种方法不起作用，你可能试着用蛮力把衣物硬塞进行李箱，压坐在箱子上面，努力试着把箱锁扣起来。如果这样还是不行，你就面临做出抉择：要么把几件衣服留在家里，要么还是带一个大一点的行李箱。

软件项目也面临类似的困境。项目计划人员经常发现项目的商业目标与其估算的进度和成本之间存在差距。如果差距很小，项目计划者还是可能通过控制项目的方式来获得成功的结果，方法包括格外小心地规划项目，或压缩项目的进度、预算或功能集合等等。如果差距很大，则必须重新考虑调整项目的目标。

软件估算的主要目的不是预测项目的结果，而是为了确定项目的目标是否足够现实，以允许对项目进行控制来满足这些目标。你旅行时要穿的衣服是装进小箱子里呢，还是被迫换个大箱子呢？如果稍作调整，可就以带这个小行李箱吗？高管们希望得到同样类似的答案。他们往往并不追求一个准确的估算来告诉他们想要的衣服实际上无法塞入这个行李箱，他们想要一个计划，能够尽量多塞进去一些衣服。

当商业目标与实现这些目标所需的时间计划和工作量有过大的差距时，就会出现问题。我发现，如果最初的目标和最初的估算差距在大约 20%以内，项目经理还是有足够的操作空间来控制功能集合、时间进度、团队规模和其他参数，以满足项目的商业目标；其他专家也赞同这一观点（Boehm 1981，Stutzke 2005）。如果目标和实际需要之间的差距太大，管理者就无法通过微小调整项目参数来控制项目顺利完成。再进一步地精心折叠衣物或坐在行李箱上强压也不能让你把所有的衣服塞进小行李箱，必须动用大的行李箱，即使它并不是你的首选，否则就得留下一些衣服。在经理能够控制项目以实现其目标之前，首先需要保证项目目标有足够的现实可实现性。

估算不需要完全准确，但需要非常有用。如果项目组合了准确的估算、良性的目标设置以及优秀的计划和控制这几个要素，我们就可以得到接近"估算"的项目结果。正如你已经猜到的，"估算"这个词是用引号括起来的，因为估算的项目与最终交付的项目本质上已经不是同一个项目。

这些不断更改项目假设的各种动态变化，也是本书更关注估算艺术而不是估算科学的主要原因。如果项目的基本假设已经发生了 100%的变化，上下浮动 5%的准确估算并不见得一定就好。

## 1.8    "好估算"的有效定义

有了前几节提供的背景知识，现在我们已经做好了准备来回答什么是一个好的估算。

> 一个好的估算，能足够清晰的反映项目所处的现实情况，从而便于项目领导针对如何控制项目以达到其目标做出良好的决策。

这个定义是贯穿本书的基础,本书其余部分均基于这个定义展开对于估算的讨论。

# 更多资源

Conte, S. D., H. E. Dunsmore, and V. Y. Shen. *Software Engineering Metrics and Models*. Menlo Park, CA: Benjamin/Cummings, 1986. 本书包含对评估估算模型的权威讨论，讨论了"在实际 75% 的时间内 25%"的标准以及许多其他评估标准。

DeMarco, Tom. *Controlling Software Projects*. New York, NY: Yourdon Press, 1982. 这本书中讨论了软件项目的概率特性。

Stutzke, Richard D. *Estimating Software-Intensive Systems*. Upper Saddle River, NJ: Addison-Wesley, 2005. 这本书的附录 C 包含一个对估算准确度度量的总结。

# 第 2 章

# 你的估算能力如何

这个过程称为"估算",而不是精算。

——阿穆尔（Phillip Armour）

现在,你知道了什么算是好的估算,那么你的估算能力究竟如何呢?下面将帮助你找到答案。

## 2.1 一个简单的估算测试

在下面的表 2-1 中,有一个评测估算能力的小测验。请仔细阅读并遵守以下说明。

表 2-1　估算能力自测题

| [估算最低-估算最高] | 题目描述 |
| --- | --- |
| [＿＿＿＿＿＿ － ＿＿＿＿＿＿] | 太阳的表面温度 |
| [＿＿＿＿＿＿ － ＿＿＿＿＿＿] | 上海的纬度 |
| [＿＿＿＿＿＿ － ＿＿＿＿＿＿] | 亚洲的面积 |
| [＿＿＿＿＿＿ － ＿＿＿＿＿＿] | 亚历山大大帝的出生年份 |
| [＿＿＿＿＿＿ － ＿＿＿＿＿＿] | 2004 年美元的总流通量 |
| [＿＿＿＿＿＿ － ＿＿＿＿＿＿] | 美国五大湖的总容积 |
| [＿＿＿＿＿＿ － ＿＿＿＿＿＿] | 电影《泰坦尼克号》的全球票房收入 |
| [＿＿＿＿＿＿ － ＿＿＿＿＿＿] | 太平洋的海岸线总长度 |
| [＿＿＿＿＿＿ － ＿＿＿＿＿＿] | 自 1776 年以来在美国出版的书籍数量 |
| [＿＿＿＿＿＿ － ＿＿＿＿＿＿] | 有史以来最重的蓝鲸重量 |

资料来源: 灵感来自《编程珠玑（第 2 版）》（Bentley 2000）中一个类似的测试。

此小测验来自 Steve McConnell 的《软件估算的艺术》（微软出版社, 2006 年）,©2006 Steve McConnell。保留所有权利。如果包含此版权声明,则允许复制此小测验。

对于每个问题，请填写估算的上界和下界数值，使得正确的值有 90%的机会落入上下界之间的范围。小心不要让范围太宽或太窄。根据你的最佳判断，让范围宽到足以有 90%的机会包含正确答案。请不要去试图搜索调查任何答案——这个小测验是为了评测估算能力，而不是搜索调查能力。必须为每一项都填写答案；遗漏的项将被直接记分为错误项。请限制测验时间在 10 分钟内。

同时建议，还可以在填写之前先复印一下该小测验，这样下一个读这本书的人也可以参与这个小测验。

这个小测验的正确答案（例如上海的纬度）列在本书后面的附录 B 中。每一题，如果给出的范围包括题目相关的正确答案，得 1 分。

你做得怎样呢？（不要沮丧。这个测验大多数人都做得很糟糕！）请在此写下你的得分：_____。

## 2.2　探讨测试结果

这个小测验的目的并不是要确定你是否真的知道亚历山大大帝是什么时候出生的或者上海的纬度这样的知识点。它的目的是为了帮你看清你有多了解自己的估算能力。

### "90%信心"有多可信？

前面的小测验要求说明是很具体的，该测验的目标是在 90%的置信水平上进行估算。因为在小测验中有 10 道题，如果你真的做到了在90%的置信水平上进行估算，那么你应该在这个测验中为大约 9 道题得到了正确的答案[①]。

按理说，如果你很谨慎，就会保守地扩大估算的范围，在这种情况下，你应该得到满分 10 分。可能做题过程中你出现了一些轻率的判断，不小心把范围缩得过小了，即便这样，你也理应得到 7 分或 8 分（满分 10 分）。我让数百名估算人员做了这个小测验，图 2-1 显示了最近 600 位测验参与者的结果统计。

---

① "90%信心"背后的数学原理有些复杂。如果你的估算真的有90%的信心，得到 10 个正确答案的概率是 34.9%（译者注：$0.9^{10}$），得到 9 个正确答案的概率是 38.7%（译者注：$0.9^9 \times 0.1 \times 10$），得到 8 个正确答案的概率是 19.4%（译者注：$0.9^8 \times 0.1^2 \times 10 \times 9/2$）。换而言之说，你有 93%的机会得到 8 个或更多的正确答案。

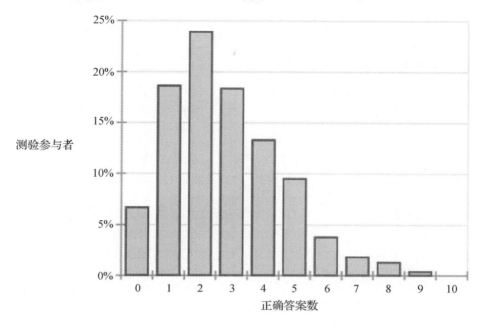

图 2-1　"你的估算能力如何？"小测验的的统计结果。大多数参与者只答对了 1～3 道题

从图中显示的参与者统计数据来说，平均的正确答案数量是 2.8。只有 2% 的答题者答对了 8 道或 8 道以上。从来没有人得到 10 分满分。于是，从中我得出的结论是，大多数人直觉中的"90% 信心"，其实和实际情况中的"30% 信心"相当。其他研究也证实了这个基本调查结果（Zultner 1999，Jørgensen 2002）。

类似地，我见过许多项目团队声称对日程进度有"90% 信心"，但我经常看到这些项目团队后来超出了这些"90% 信心"的日程安排，这样的结果实在是屡见不鲜。如果这些日程安排真的代表着 90% 信心，按理讲，项目团队 10 次执行中应该只有 1 次逾期。

因此，我的结论是，一个特定的百分比，比如"90%"，除非其背后有某种统计分析支撑保证它真实可靠，否则这样的百分比数值并无任何实质性的意义，只是一厢情愿的妄想。如何达到真正 90% 的置信水平将在本书后面章节讨论。

 **#5**　不要轻易做出"百分比信心"估算（尤其是"90% 信心"），除非有量化基础来支撑这个数值。

如果没有参加本章前面的小测验，这里是一个很好的时机倒回去参与这个测验。

我想，你会惊讶地发现，即使读完这篇解释，你得到的正确答案还是少得可怜。

## 应该让估算范围宽到什么程度？

当我发现极个别参与者能做到答对 7 到 8 个问题时，我就会去问他或她："你是怎么答对那么多问题的？"你能猜到他们的典型回答吗？"我答题时把范围设得太宽了。"

而我与之对应的回答是："不，你没有！你的范围设得还不够宽！" 如果你只答对了 7 或 8 题，说明你设的范围仍然太窄以至于无法尽可能包含更多正确答案。

惯性思维使得我们认为用窄范围表示的估算比用宽范围表示的估算更准确。我们认为给出一个宽泛的范围会让我们显得无知或无能。通常情况正好相反。（当然，在有背后数据支持可靠的情况下，窄一些的范围会取得更令人满意的结果。）

#6    避免人为地使用狭窄的范围。确保估算中使用的范围不会歪曲你对估算的真实信心程度。

## 使用狭窄范围的压力来自哪里？

当你参加前面的小测验时，是否感到迫于压力而必须扩大估算范围？或者是否感到迫于压力而必须缩小估算范围？大多数人反馈，他们感到有压力而必须尽可能缩小范围。但是如果倒回去看一下之前的测验说明，你会发现它们并不鼓励使用狭窄的范围。事实上，说明里我还特意小心地指出，不要让范围太宽或太窄，让范围宽到足以有90%的机会包含正确答案。

在与几百名开发人员和管理人员讨论这个问题之后，我得出的结论是，提供狭窄范围的压力在很大程度上是自我暗示和诱导的。一些压力来自于人们的职业自豪感。他们认为狭窄范围表征的是一个好的估算，尽管事实并非如此。还有一些压力来源于以往老板或客户坚持要用过度狭窄的范围。

同样的自我诱导压力也存在于估算客户和估算人员之间的互动中。有作者曾经提到，客户的期望会对估算产生的强烈的影响，而估算人员通常不会意识到他们的估算有多大程度受到了这种影响（Jørgensen and Sjøberg 2002）。

#7    如果感到有压力而必须缩小估算范围，首先要核实一下这些压力实际上是来自于外部还是来自于自我诱导。

对于那些确实源自外部的压力，第 22 章和第 23 章将讨论如何应对这种压力。

## 对于真实的软件估算，这个小测验有多大的代表性？

在软件开发工作中，通常不会要求你估算美国五大湖的总容积或太阳的表面温度。也不寄希望于你能够估算出美元的流通量或在美国出版的书籍数量，这些问题合理吗？尤其是你并不生活在美国的时候？

软件开发人员经常被要求估算不熟悉的业务领域中的项目、将使用新技术实现的项目、新编程工具对生产力的影响以及未知人员的生产力，等等。在不确定的情况下进行估算对软件估算人员来说实在是家常便饭。本书的其余部分将解释如何在这种情况下取得成功。

# 第 3 章

# 准确估算的价值

> 人们对估算的定义通常是"实现可能性非零的最乐观的预测。"
> 接受这个定义就不得接受另一种表述方法——"这个估算就是你能完成
> 任务的最早日期。"
>
> ——迪马克（Tom DeMarco）

软件项目估算的不准确性，再加上估算与不现实的目标和无法兑现的承诺相互混淆，导致多年来软件估算一直是一个难题。20 世纪 70 年代，布鲁克斯（Fred Brooks）指出，"因为没有明确日历时间而失败的软件项目在数量上比其他所有失败原因加起来的总和还要多。"（Brooks 1975）十年后，科斯特罗（Scott Costello）通过观察得出一个结论："截止日期带来的压力是软件工程最大的敌人。"（Costello 1984）在 20 世纪 90 年代，琼斯（Capers Jones）的报告提及"过度或不合理的日程安排可能是所有软件中最具有破坏性的影响因素。"（Jones 1994，1997）

如本章开头所述，迪马克（Tom DeMarco）在 1982 年写下了他对估算的普适定义。尽管我在第 1 章中已经成功地解释了估算的定义，但自从迪马克写下他这个定义以来，经过这么多年，它依然普遍适用。你可能已经赞同准确的估算是有价值的。本章会详细地介绍准确估算的种种具体好处，并为这些好处提供数据支持证明。

## 3.1　高估和低估，哪个更好？

直观地说，一个完全准确的估算是一个项目规划的理想基础。如果估算是准确的，那么项目可以高效地协调不同开发人员之间的工作。一个开发团队向另一个开发团队的内部交付可以按天、小时甚至分钟安排计划。可惜的是，我们也清楚完全准确的估算可遇不可求，所以，如果注定要犯错，我们更倾向于让错误偏向于高估还是低估呢？

## 论反对高估

管理人员和其他项目干系人时常担心，如果项目估算被高估，帕金森定律（Parkinson's Law）[①]就会生效——人们将会扩充工作，以填满所有可用的时间。如果你给开发人员 5 天的时间来交付一个在 4 天内就可以完成的任务，那么开发人员总会为这额外多出来的一天找些事情来做。如果你给一个项目团队 6 个月的时间来完成一个 4 个月就能完成的项目，那么这个项目团队总会想办法消磨完这额外的 2 个月。因此，一些管理者常常有意识地压缩估算值，试图避免帕金森定律在实际项目中生效。

另一个担忧是高德拉特（Goldratt）的"学生综合征"（Goldratt 1997）[②]。如果给开发人员的时间太多，他们会拖延至项目后期的某个时间点，才开始着急忙慌地赶着完成工作，极有可能无法按时完成项目。

所以，低估的一个相关动机是希望为开发团队灌输和强调一种紧迫感。原因如下：

> 开发人员说这个项目需要 6 个月的时间。我认为他们的估算中有一些冗余和一些可以挤出去的水分。此外，我希望在这个项目上有一些进度上的紧迫感，迫使成员抓紧完成高优先级的特性。所以，我坚持要制定 3 个月的进度计划。当然，我并不相信这个项目能在 3 个月内完成，但这就是我要向开发人员宣告的进度计划。如果我预测正确，一般来讲开发人员可能在 4 到 5 个月内交付。最坏的情况不过是，开发人员将在原先估算的 6 个月内交付。

这些论点令人信服吗？为了确定这一点，我们需要审视一下那些赞同偏向于高估的论点。

## 论反对低估

低估会造成许多问题，有些问题显而易见，有些则不那么明显。

---

① 中文版编注：官僚主义现象的一种别称，是帕金森在对组织机构的无效活动进行调查分析时提出的。

② 译注：请试想一下寒暑假期间学生对作业前松后紧的进度安排。

**低估会损害项目计划的有效性**  对于具体的项目活动，低估会提供错误的假设，这就损害了相关计划的有效性。它们可能导致错误地规划团队规模，例如计划安排比实际需要规模更小的团队来执行项目。它们还会破坏团队之间的协调能力，如果团队在该做好准备时没有做好准备，其他团队将无法与他们的工作进行集成。

如果估算错误导致的计划偏差仅为 5%或 10%，那么这些错误并不会造成特别严重的问题。但是有大量研究显示，软件估算的偏差程度经常高达 100%甚至更多（Lawlis，Flowe，and Thordahl 1995；Jones 1998；Standish Group 2004；ISBSG 2005）。当项目计划的假设错误大到这个程度，往往说明项目计划所基于的假设已经严重偏离实际，几乎没有什么实际用处了。

**从数据统计上看，低估会降低按时完成任务的几率。**一般而言，开发人员的估算会低于实际需要的工作量 20%～30%（van Genuchten 1991）。仅仅使用他们平常做出的估算就已经使项目计划变得很乐观了。如果还要压缩他们的估算，只会进一步降低按时完成任务的概率。

**薄弱的技术基础会导致低于预期的结果。**低估会导致项目花在上游活动（如需求和设计）上的时间不足。如果一开始没有把足够的精力放在需求和设计上，在项目的后期将不得不重做需求和设计，这可比一开始就做好这些活动的成本要高得多（Boehm and Turner 2004，McConnell 2004a）。这最终会导致项目花费的时间甚至比准确估算所花费的时间还要长。

**破坏性的项目后期动态变化会使项目变得比预期更糟糕。**一旦项目进入"后期"状态，项目团队就会参与许多他们在"按时"的项目中本来不需要参与的活动。以下是一些例子。

- 与高层管理人员召开更多的会议更新项目状态，讨论如何使项目回到正轨。
- 经常在项目后期重新进行估算，以确定项目何时完成。
- 为错过交付日期向主要客户致歉（包括与这些客户开会）。
- 准备临时版本以支持客户演示和贸易展等。如果软件按时准备就绪，就可以直接使用这些现成软件，而不需要发布临时版本。
- 由于项目已经进行了很长时间，所以会广泛讨论哪些需求是必须要增加的。
- 解决那些为应对进度压力而在之前阶段用快捷但粗糙的权变措施所产生的问题。

这些活动的重要特征是，如果一个项目正常执行，就根本不需要进行这些活动。这些额外的活动消耗着项目中的正常生产力，使项目花费的时间反而超过准确估算和计划的项目执行时间。

## 权衡以上论点

固然，高德拉特（Goldratt）的学生综合症确实可能是影响软件项目的一个因素，但类似于高德拉特提出的建议，我也发现，在项目中解决学生综合症最有效的方法是主动跟踪任务和缓冲区管理（即项目控制），而非故意进行偏倚估算。

如图 3-1 所示，最好的项目结果来自最准确的估算（Symons 1991）。如果估算过低，效率低下的项目计划会加大项目的实际成本和延长进度。如果估算过高，帕金森定律就会生效。

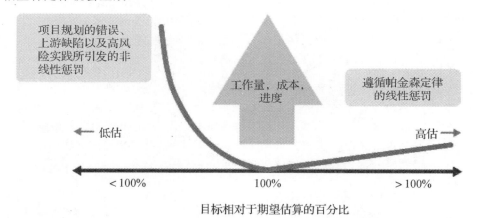

图 3-1　低估的惩罚比高估的惩罚更严重，所以，如果不能做到完全准确估算，请尝试高估而不是低估

我相信帕金森定律确实也适用于软件项目。工作量确实会被人为扩充，以用完所有可利用的时间。但是，只有在高估造比低估成的惩罚更加严重的情况下，为了帕金森定律而去故意低估一个项目才会有意义。在软件中，过高估算的惩罚是线性的和有限度的——工作最多扩展到填满所有可用的时间，但不会再进一步扩展。但是，低估的惩罚是非线性的且无限度，上游活动的纰漏及其后续滋生的更多缺陷会比高估造成更大的危害，并且几乎无法提前预测这些危害的严重程度。

**術**　**#8**　不要故意低估。低估的代价比高估的代价更严重。不要故意偏倚估算，而要通过计划和控制来解决对高估的忧虑。

## 3.2　软件行业中一些估算的跟踪记录

软件行业的估算跟踪记录为揭示软件估算问题的本质提供了一些有趣的线索。近年来，知名项目管理调查公司斯坦迪集团（Standish）每两年发布一份名为"混乱报告"（CHAOS）的调查，该调查记录了许多软件项目的结果。在 2004 年的报告中，54% 的项目延迟交付，18% 的项目彻底失败，仅仅只有 28% 的项目在预算内按时交付。图 3-2 显示了 1994 年至 2004 年 10 年内的调查项目结果。

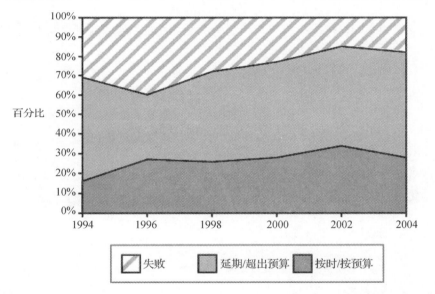

图 3-2　报告中所记录的项目结果逐年波动。但总体上大约有四分之三的软件项目延迟交付或彻底失败

在报告数据中，值得注意的是，它甚至完全没有设立提前交付的项目类别！项目最好的可能绩效就是以"按时/按预算"的条件达到预期目标，而数据中其他的类别都是消极的结果。

琼斯（Capers Jones）提出了有关项目成果的另一种观点。他多年来的观察显示，项目的成功与项目的规模息息相关。换言之，大的项目比小的项目更容易陷入困境。表 3-1 说明了这一点。

表 3-1    大项目比小项目更容易出问题

| 以功能点表征的项目规模（以及大概代码行数） | 提前完成 | 按时完成 | 逾期完成 | 失败（取消） |
|---|---|---|---|---|
| 10 FP    （1 000 LOC） | 11% | 81% | 6% | 2% |
| 100 FP   （10 000 LOC） | 6% | 75% | 12% | 7% |
| 1 000 FP   （100 000 LOC） | 1% | 61% | 18% | 20% |
| 10 000 FP    （1 000 000 LOC） | <1% | 28% | 24% | 48% |
| 100 000 FP    （10 000 000 LOC） | 0% | 14% | 21% | 65% |

资料来源：*Estimating Software Costs*（Jones 1998）

从琼斯（Jones）的数据中可以看出，项目规模越大，按时完成的概率就越小，而彻底失败的概率就越大。

总的来说，大量令人信服的研究显示的结果与斯坦迪集团和琼斯报告的结果是一致的，即仅有大约四分之一的项目能按时交付，大约四分之一失败被取消，而剩下大约有一半项目是延迟交付或超出预算，或者又超期又超预算（Lederer and Prasad 1992；Jones 1998；ISBSG 2001；Krasner 2003；Putnam and Myers 2003；Heemstra，Siskens and van der Stelt 2003；Standish Group 2004）。

总的来说，项目未能达到目标的原因各式各样。糟糕的估算只是其中一个原因，但不是唯一的原因。我们将在第 4 章"估算错误从何而来"中深入讨论其原因。

## 项目延迟到什么程度？

在上述统计数据中，请不仅关注超期或超出预算的项目数量，还需要关注这些项目偏离目标的程度。根据斯坦迪集团的第一次调查，平均项目进度超期约为120%，平均成本超支约为 100%（Standish Group 1994）。然而，估算的准确性可能比这些数据反映的更差。斯坦迪集团发现，项目的后期往往会砍掉大量的功能，以保证最终能够满足进度和预算。自然，这些项目原先的估算并不是基于他们最终交付的剪裁过的版本；这些估算是针对最初那个功能齐全的特定版本。如果这些延迟的项目真的可以做到交付最初计划的所有功能，那么相对于计划，它们会更大幅度地超期、超支。

## 一个公司的真实例子

图 3-3 来自我一个客户的报告数据，数据显示一个公司更为具体详细的项目结果。

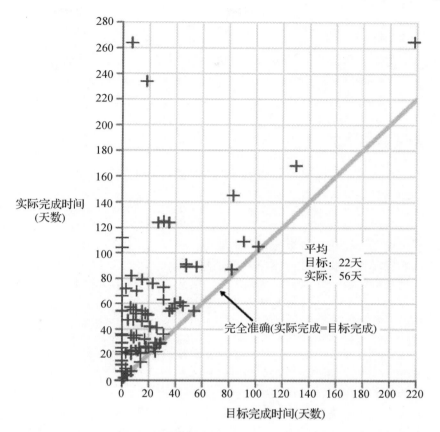

图 3-3　来自一个组织的估算结果。根据通用的行业数据显示，该公司约为 100% 的低估偏差在行业内比较典型（该数据经许可使用）

图左侧 0 纵轴上的点代表开发人员报告已经完成，但其他团队与该团队进行集成工作时发现实际上还没有完成的项目。

对角线表示完全准确的进度。理想情况下，图中的数据点应该紧密聚集在对角线附近。现实却恰恰相反，图上的 80 个数据点几乎全部都在这条斜线上方，这意味着项目的进度超期。只有一个点在斜线下方，几个点落在斜线上。这一斜线也用图像再次证实了本章最开头迪马克（DeMarco）对"估算"的通用定义"估算就是你最早能够完成任务的日期"。

## 软件行业的系统性问题

说起软件行业的估算，我们经常把它当成一个中立的估算问题，即有时我们会高估，有时我们会低估，我们很少能够得到正确的估算。

但是软件行业的估算其实并不是一个中性问题。大量行业数据清楚地显示，低估问题普遍存在于软件行业。在能够使估算更准确之前，我们需要学会调整习惯，让估算更高。这正是许多组织所面临的关键挑战。

## 3.3　准确估算的益处

一旦估算足够准确，你就不必担心高估或低估哪种错误更严重，而且真正准确的估算还会带来更多的益处。

**提高项目执行状态的可见性**。跟踪进度的最佳方法之一是将计划的进度与实际进度进行比较。如果计划的进展是具有现实意义的（即基于准确的估算），那么实际进度就有可能跟得上计划。如果计划的进展计划不切实际，就往往会导致项目通常在开始运行时并不太在意这个计划，并且随着之后的现实情况发展，很快也没有必要再将实际进度与计划进度进行比较了，可以说这样的计划毫无参考价值。因此，好的估算可以为项目进度跟踪提供重要的支持。

**保证更高质量**。准确估算有助于避免与进度压力相关的质量问题。大约 40%软件错误产生源于压力；这些错误原本可以通过适当的进度安排和减少开发人员的压力来避免（Glass 1994）。当进度压力非常大时，在发布的软件中发现的缺陷数量大约是在较小的压力下的 4 倍（Jones 1994）。其中一个原因是团队为一些功能实现了快捷但粗糙的版本，而这些功能必须及时完成才能发布软件。过大的进度压力也被证实是导致代价高又错误多发的模块之最重要的原因（Jones 1997）。

而那些从一开始就致力于将缺陷数量控制到最少的项目通常有最快的进度（Jones 2000）。那些在压力下被迫制定浮夸估算的项目，会在之后的项目进行过程中牺牲质量，直到发现最终实则损及项目成本和进度的时候，猛然醒悟却为时已晚。

**更好地与其他非软件功能协调合作**。软件项目通常需要与其他业务功能协调合作，包括测试、文档编写、市场营销、销售人员培训、财务预测和软件维护培训等。如果软件计划不可靠，就会导致其他相关功能的失败，从而导致整个项目进度的失败。更好的软件估算能够促进包含软件和非软件活动的整个项目的协调合作。

**更好地编制预算**。虽然这实在是太显而易见，但还是要说，准确的估算是制定准确的预算的基础。没有准确估算的组织会危害其预测项目成本的能力。

**增加开发团队的可信度**。软件开发中最大的讽刺之一是，在一个项目团队做出一个估算之后，经理、市场人员和销售人员常常不顾项目团队的反对而将这个估算直接转化为一个乐观的商业目标。之后，一旦开发人员超逾这个乐观的商业目标，此时，经理、市场人员和销售人员就会纷纷责怪开发人员估算能力不足！坚持自己立场并坚持做出准确估算的项目团队会提高自己在组织中的可信度。

**早期风险信息**。在软件开发中最常见的浪费机会之一，是未能正确诠释项目目标和项目估算之间基本差异的含义。试想一下，当商业发起人说："这个项目需要在 4 个月内完成，因为我们要参加一个重要的贸易展。"项目团队说："我们最好的估算是，这个项目需要 6 个月的时间。"接下来最典型的交互是由商业发起人和项目领导围绕着估算而谈判，并最终迫使项目团队承诺实现 4 个月的进度计划。

大错特错！这是错误的答案！遇到项目目标和项目估算之间存在差异，这种情形应该被解释为非常有用、难能可贵的项目早期风险信息。二者之间不匹配预示着项目很有可能无法实现其商业目标。如果及早识别这样的风险，就可以尽早采取许多纠正措施，而且许多措施的效率是立竿见影的。你可以重新定义项目的范围，可以增加人员，可以将最优秀的人员放入项目中，或者可以错开交付不同的功能。你甚至可能判断理想和现实差距太大，根本不值得做这个项目。

但如果任由这种差异持续发展，可选的纠正措施将会越来越少，效率也会越来越低。这些可选的措施通常包括"超出原计划进度和预算"或"忍痛削减很多功能"。

**#9**　认识到项目的商业目标和估算之间的差异：这是预示项目可能失败的有价值的风险信息。应该尽早采取纠正措施（当它还能发挥作用的时候）。

## 3.4　相较于其他期望的项目属性，可预测性的价值

软件组织和每个软件项目总是尽力为其项目实现许多具体目标。以下是常见的项目目标。

- **时间**　制定尽可能短的时间计划以在期望的质量水平上完成期望的功能

- **成本**  用最低成本在期望时间内交付所需要的功能
- **功能**  在时间和成本的允许范围内，最大限度地丰富功能特性

项目赋予这些通用目标和更多特定目标不同的优先级。比如，敏捷开发更侧重于灵活性、可重复性、健壮性、可持续性和可见性的目标（Cockburn 2001，McConnell 2002）。SEI 的 CMM 则侧重于效率、可改进性、可预测性、可重复性和可见性的目标。

在与高管人员的讨论中，我经常会问这个问题："对你来说，什么更重要？是改变你对功能的看法的能力，还是预先知道成本、进度和功能的能力？"十有八九，这些高管会回应选择"预先知道成本、进度和功能的能力"，换句话说，这种能力就是可预测性。其他软件专家也有同样的观察结果（Moseman 2002，Putnam and Myers 2003）。

我经常接着又问："假设我可以为你提供类似于图 3-4 中选项 1 或选项 2 的项目结果。让我们假设选项 1 意味着我可以交付一个预期持续时间为 4 个月的项目，但它可能提前 1 个月，也可能延迟 4 个月完成。让我们假设选项 2 意味着我可以交付一个预期持续时间为 5 个月（而不是 4 个月）的项目，并且我可以保证将在该日期的前后一周内完成。你更愿意选择哪一个？"

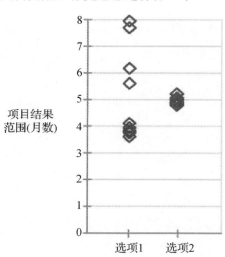

图 3-4   当面临两个选项时，一个平均时间较短但可变性较高，另一个平均时间较长但可变性较低，大多数企业都会选择后者

根据我的经验，几乎所有高管都会选择第二个选项。选项 1 提供的较短的日程安排对业务并没有任何实际好处，因为变数太多所以业务并不能望它。因为项目延期很可能长达 4 个月，所以业务必须按照 8 个月而不是 4 个月的日程进行计划。否则，直到软件真正准备就绪之前，它会推迟制定其他任何后续计划。相比之下，选项 2 保证的 5 个月计划看起来更加可靠。

多年来，软件行业一直关注于上市所需时间、成本和灵活性。这些目标都是无可厚非的，但高管们通常最看重的还是可预见性。企业需要对客户、投资者、供应商、市场和其他干系人做出承诺。这些承诺都需要可预测性的支撑。

诚然，所有这些并不能直接证明可预测性对于你的业务而言有最高优先级，但是这些至少能给你提供一个建议，让你不至于轻易假设业务中的优先级。

#10　许多企业更看重可预测性，而不是开发时间、成本或灵活性。确保你明白企业最看重什么。

## 3.5　常见估算技术的问题

既然软件估算呈现出普遍不良的结果，大多数用于估算的技术并不十分有效这一现象也就不足为奇了。这些估算技术应该仔细审查，该扔就扔！

有研究发现，最常用的估算技术是仅仅凭借个人记忆，将一个新项目与过去类似的项目进行比较而得出估算。而且并未发现这项技术与准确的估算有直接关联。但是，基于"直觉"和"猜测"的常用技术却被证实与成本超支和进度超期密切相关（Lederer and Prasad 1992）。许多其他研究人员发现，凭空猜测、基于直觉、非结构化的专家判断，使用非正式的类比方法，以及其他与之类似的估算技术用于大约 60%～85%的估算，是占主导地位的估算策略（Hihn and Habib-Agahi 1991，Heemstra and Kusters 1991，Paynter 1996，Jørgensen 2002，Kitchenham et al. 2002）。

第 5 章对导致估算错误的来源进行了更详细的审查，本书的其余部分提供了这些常见技术的替代方法。

# 更多资源

Goldratt, Eliyahu M. *Critical Chain*. Great Barrington, MA: The North River Press, 1997. 高德拉特（Goldratt）描述了处理学生综合征的方法以及处理帕金森定律的缓冲管理方法。

Putnam, Lawrence H. and Ware Myers. *Five Core Metrics*. New York, NY: Dorset House, 2003. 这本书的第 4 章包含对可预测性相对于其他项目目标之重要性的扩展讨论。

# 估算错误从何而来

如果连自己都不知道在说什么，那说明你不会说得太准确。

——诺伊曼（John von Neumann）

华盛顿大学计算机科学系的一个项目在估算上遇上了严重问题。该项目已经超期几个月，还超出预算 2050 万美元。其背后原因，从设计问题，沟通不畅，到最后一刻的变更和大量错误，不一而足。校方试图辩解说这个项目没有做充分的计划。但这并不是一个普通的软件项目。事实上，它根本不是一个软件项目，这个项目是该大学新建的计算机科学与工程大楼（Sanchez 1998）。

软件估算总是面临挑战，因为抛开软件这个行业来看，估算活动本身就面临各种挑战。西雅图水手队的新棒球场在 1995 年的估算中预计要耗资 2.5 亿美元。它最终在 1999 年完工，总共花费 5.17 亿美元，估算误差超过 100%（Withers 1999）。最近几年超支最严重的可能是波士顿鼎鼎大名的"大挖"（Big Dig）高速公路建设项目。最初估算成本为 26 亿美元，最终耗资总计约 150 亿美元，估算误差超过 400%（美联社 2003 年）。

当然，软件行业也有它自己引人瞩目的估算问题。爱尔兰的人事、工资和相关系统（PPARS）较之原本计划 880 万欧元超支 1.4 亿欧元后，最终宣告取消（《爱尔兰时报》2005 年）。美国联邦调查局（FBI）的虚拟案件档案（VCF）项目斥资 1.7 亿美元却只交付了原计划功能的十分之一，最终于 2005 年 3 月被搁置（Arnone 2005）。VCF 的软件承包商抱怨联邦调查局前前后后走马上任了 5 个不同的首席技术官（CIO）和 10 个不同的项目经理，更不要说还有 36 个合同变更（Knorr 2005）。在经历过估算问题的项目中，如此混乱的背景并不少见。

关于估算错误来源的这一章也可以被命名为"软件估算中的经典错误合集"。只需要躲开本章指出的各种问题，就可以让你在创建准确估算的过程中成功一半。

错误从四个常见来源"侵害"估算：

- 关于正在估算的项目的不准确信息
- 关于组织将执行项目的能力的不准确信息
- 项目中有太多的混乱，无法支持准确的估算（即试图估算一直在变化的目标）
- 估算过程本身产生的不准确

本章详细描述了各种估算错误的来源。

# 4.1  估算中不确定性的来源

买新房子需要多少钱？这取决于房子本身。建一个网站要花多少钱？这取决于网站本身。在详细了解每个具体的特性之前，不可能准确地估算软件项目的成本。如果"某个事物"没有被定义，就不可能估算构建某个事物需要多少的工作量。

软件开发是一个逐步细化的过程。从一个笼统的产品概念（你打算实现的软件的愿景）开始，然后根据产品和项目目标不断细化该概念。有些时候，目标是估算交付特定数量的功能所需的预算和时间。另外有些时候，目标是估算在固定预算的条件下，在预定的时间内可以实现多少功能。许多项目都是在预算和特性上具有一定灵活性的环境中进行的。在这些情况下，软件最终成形的不同方式将产生项目成本、进度安排和特性集的不同组合。

假设正在开发一个订单输入系统，但是还没有确定输入电话号码的要求。直至软件发布之前，需求相关活动中一些不确定因素都可能影响软件估算。

- 当输入电话号码时，客户是否需要电话号码检查功能验证号码是否有效？
- 如果客户需要电话号码检查功能，客户是想要廉价版还是昂贵版的电话号码检查功能？（任何特定功能通常都有 2 小时、2 天和 2 周的版本，例如美国国内版或是支持国际通话的版本）
- 如果实现了廉价版的电话号码检查功能，那么客户以后还会想要昂贵版的电话号码检查功能吗？
- 可以使用现成的电话号码检查功能吗？或者项目里是否有相关设计约束条件，要求必须自主开发电话号码检查功能？
- 如何设计电话号码检查功能？通常，对于相同的特性，不同的设计之间在设计复杂度上，最大的差异可能在 10 倍以上。

- 电话号码检查功能的软件编码工作需要多长时间？不同的开发人员编写相同的特性时，工作量的最大差异也可能在 10 倍以上。

- 电话号码检查功能和地址检查功能是否需要交互？将电话号码检查功能器与地址检查功能集成在一起需要多长时间？

- 电话号码检查功能的期望质量水平如何？根据在实现过程中所采取的措施细致程度不同，原始实现中包含的缺陷数量可能相差 10 倍。

- 在电话号码检查功能的实现过程中，需要用多长时间进行调试及修正错误？在调试和修正相同的问题时，具有同等经验水平的不同程序员的个人绩效至少相差 10 倍。

正如你从这个不确定因素的简短列表中可以看到的，单个特性在需求规格、设计和实现的方式上的潜在差异可能会为其实现时间上带来百倍甚至更多的累积差异。当在一个大的特性集合中将成百上千的特性各自附带的不确定性组合在一起时，项目累积的不确定性会达到相当显著的程度。

## 4.2　不确定性锥形

对于上一节中描述的所有特性相关的问题，软件开发过程会作出数以千计的决策。软件估算中不确定性来自于这些决策解决问题的不确定性。当你为解决问题做出大部分正确决策时，就减少了估算的不确定性。

为解决问题而做出决策会有一个过程，研究人员发现这个过程导致项目在不同阶段的估算受制于不同程度的不确定性影响，这些不同阶段的不确定性程度是可预测的。图 4-1 中的不确定性锥形显示了随着项目的进展，估算是如何逐步变得更加准确的。为了便于解释，下面的讨论首先描述了一种串行开发方法。本节的最后将解释如何将这些概念应用到迭代项目中。

图中横轴包含常见的项目里程碑，例如初始概念、产品定义批准、完成需求情况，等等。由于它的起源，这个术语听起来有点产品导向的意思。"产品定义"仅仅是指对软件或软件概念所达成的一致愿景规划，它同样适用于 Web 服务、内部业务系统和大多数其他类型的软件项目。

纵轴表示在项目的各个里程碑点由熟练的估算人员创建的估算中发现的错误程度。估算对象可以是特定特性集的成本，交付该特性集所需的工作量，也可以是特定工作量或进度限定下项目可以交付的特性数量。本书使用通用术语"范围"来指代在工作量、成本、特性或其组合中的项目相关数值大小。

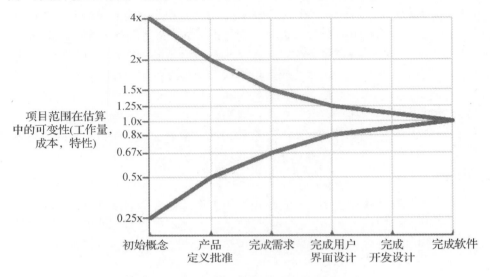

图 4-1　基于项目通用里程碑的不确定性锥形

从图中可以看出，在项目的初期创建的估算很容易产生较大幅度的错误。在初始概念阶段建立的估算的误差范围可能偏高 4 倍或偏低 4 倍（偏低 4 倍也可以表示为 0.25 倍，也就是 1 除以 4）。4 除以 0.25，误差范围的总跨度从高到低估算值有足足 16 倍！

经理和客户经常问及的一个问题是"如果我再给你一周的时间来做估算，你能不能改善它，使之包含更少不确定性？"这貌似是一个合理的请求，但不幸的是该请求不可能被满足。有研究表明，软件估算的准确性取决于软件定义的细化程度（Laranjeira 1990）。定义越精确，估算就越准确。估算包含可变性的原因是软件项目在进行过程中本身包含可变性。所以，减少估算中的可变性的唯一方法是减少项目中的可变性。

对不确定性锥形的常见描述有一个误导性的暗示，那就是锥形似乎永远都不会变窄，就好像直到项目临近完成，你才能获得非常准确的估算。幸运的是，产生这种印象的根本原因是横轴上的里程碑间隔相等，这让我们自然而然地假定横轴代表了日历时间。

在实际项目中，以上所列的里程碑大多集中于项目日程中的前面部分。当按日历时间重新绘制锥形时，如图 4-2 所示。

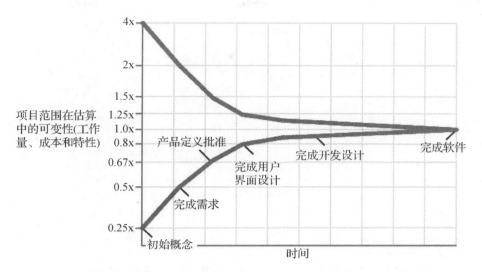

图 4-2　基于日历时间的不确定性锥形。与图 4-1 中的描述相比，锥形变窄的速度要快得多

正如你所看到的这个版本的锥形，在项目的前 30%部分，估算准确度迅速从上下浮动 4 倍改善至上下浮动 1.25 倍。

## 你能打败这个锥形吗？

一个重要的（同时也是困难的）概念是，不确定性锥形其实代表了在项目的不同时间点上软件估算可能达到的准确性的最优情况。该锥形代表有熟练技巧的估算人员做出的估算的误差范围。而现实项目很有可能比这个情况更糟。一般而言，各阶段的估算不可能比这个锥形更准确，只有靠撞大运才可能产生更准确的估算结果。

 #11　考虑不确定性锥形对你的估算准确性的影响。你的估算不可能比项目在锥内的当前位置更准确。

## 锥形不会自动收窄

不确定性锥形代表最佳估算情况，另一种表述是，如果项目没有得到很好的控制，或者估算人员技巧不够熟练，估算可能无法得到改善。图 4-3 显示了当项目不致力于减少可变性时会发生的情形，不确定性不再是一个锥形，而是一个持续到项目结束的云形状。问题并不在于这些估算没有收敛，而在于项目本身并没有收敛，也就是说，项目本身没有消除足够的可变性来支持更准确的估算。

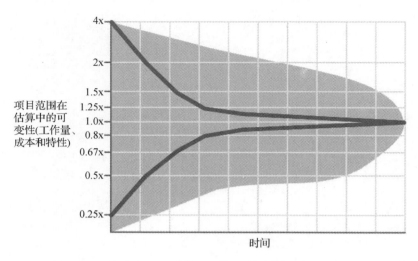

图 4-3   如果一个项目没有得到很好的控制或很好的估算，那么你可能会得到一个不确定性云，
其中包含的估算错误甚至比原来锥形所表示的错误还要多得多

只有当你做出消除可变性的正确决策时，锥形才会变窄收拢。如图 4-4 所示，定
义产品愿景（包括承诺哪些事情不会做）会消除一些可变性。定义需求——同样，
包括明确阐述哪些事情不需要做——会进一步消除可变性。设计用户界面有助于
减少由误解需求引发可变性的风险。当然，如果没有真正定义产品，或者稍后
重新定义产品，那么锥形将会变宽，并且估算的准确性将会变得更差。

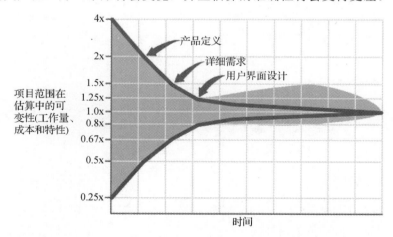

图 4-4   不确定性的锥形并不会自动收窄。可以通过从项目中做出消除可变性来源的正确决策来
使锥形收窄。其中一些决策是关于项目将交付什么，而有些则是关于项目不能交付什么。
如果做出这些决策之后又发生变更，锥形会变宽

**#12** 不要以为不确定性的锥形范围会自动收窄。必须通过从项目中消除可变性来源来迫使锥形收窄。

## 计算软件估算中不确定性锥形

软件估算的相关研究发现，哪些从单点估算开始并基于原来的单点数值创建范围的估算人员，一般不会在随后的估算中，基于不确定性去频繁地调整最大和最小估算值，尤其在带有高不确定性的情况下，这种事情经常出现（Jørgensen 2002）。使用过窄范围的倾向可以通过两种方法来解决。第一种方法是从"最有可能"的估算开始，然后使用预定义的倍数计算估算范围，如表 4-1 所示。

表 4-1　软件开发活动中的估算误差

| | 范围误差 | | |
| --- | --- | --- | --- |
| 阶段 | 低侧可能误差 | 高侧可能误差 | 由高到低的估算范围 |
| 初始概念 | 0.25x（-75%） | 4.0x（+300%） | 16x |
| 产品定义批准 | 0.50x（-50%） | 2.0x（+100%） | 4x |
| 完成需求 | 0.67x（-33%） | 1.5x（+50%） | 2.25x |
| 完成用户界面设计 | 0.80x（-20%） | 1.25x（+25%） | 1.6x |
| 完成详细开发设计（串行顺序项目） | 0.90x（-10%） | 1.10x（+10%） | 1.2x |

资料来源：改编自 *Software Estimation with Cocomo II*（Boehm et al. 2000）

当使用该表中的条目时，请认识到，在进行估算时，你并不能预测实际的项目结果会偏向该估算范围的高侧或低侧。

 **#13** 在估算中使用预定义的不确定范围来计算不确定性锥形。

估算"多少"和估算"有多不确定"是两种截然不同的技能，基于这一研究发现，可以得到第二种方法。

可以安排一个人估算最好和最坏的数值作为估算范围的两端，再安排另一个人估算项目最终结果落入这个范围的可能性（Jørgensen 2002）。

 **#14** 解释不确定性的锥形，让一个人做出关于"多少"的估算，让另一个人做出"多少不确定性"的估算，再基于这些估算来计算不确定性锥形。

## 不确定性锥性与项目承诺的关系

软件组织经常在不确定的锥形中过早地做出承诺,从而妨害自己的项目。如果在初始概念或产品定义阶段就做出承诺,你的估算中就会有一个 2 倍到 4 倍的误差因子。正如第 1 章所讨论的,如果估算和现实偏差在大约 20%的范围之内,一个熟练的项目经理可以带领项目顺利完成。但是,没有一个经理能够在估算偏差高达百分之几百的情况下顺利完成一个项目。

当项目处于锥体的早期和较宽的部分,不可能做出可靠的承诺。有效率的组织会推迟他们的承诺直到完成了让锥体在人为干预下收窄的工作。在项目的早期和中期(大约处于 30%进度的时间点),做出可靠的承诺是可能的并适当的。

## 迭代开发中的不确定性锥形

将不确定性锥形应用于迭代项目比应用于串行项目要复杂一些。

如果项目的工作方式是每一个迭代都执行完整开发周期(即从需求定义到软件发布),那么每个迭代中都会经历一个小型的锥形。为迭代开发进行需求工作之前,你已经处于锥形中产品定义批准的点,此时从高到低有 4 倍可变性范围。通过短迭代(少于一个月),迭代开发在几天内有可能完成一系列动作,从产品定义批准到完成需求,再到完成用户界面设计,从而将可变性从 4 倍减少到1.6 倍。如果迭代持续时间是固定的,1.6 倍的可变性将适用于可用时间内可能交付的具体特性数量,而不是工作量或进度。在 8.4 节中讨论了来自短迭代的估算优势。

如果采取的工作方式是每个迭代开始之前并未定义需求,就会牺牲一些长期可预测性,就不能预测接下来几个迭代中关于成本,进度和特性的组合。正如第 3章"准确估算的价值"中所讨论的,你的业务可能把灵活性或者可预测性放在更高的优先级,这取决于业务本身特性。

替代完全迭代的方法并不是没有迭代。人们发现,用取消迭代来替换迭代这种选择几乎注定是无效的。替代方案应该是减少迭代或采用不同长度的迭代。

许多开发团队在串行和迭代工作方式之间选取了折中的方式,在这种情形下,大多数需求定义是在项目前期完成的,但是设计、构建、测试和发布是在短迭代中执行的。换而言之,在完成用户界面设计之前(大约在项目 30%的日历时间点），项目按照串行顺序通过各个里程碑，然后从那之后开始转向更迭代的工作方式。这就在锥形中将可变性降低了到大概±25%的水平，这样便于实现良好的项目控制以达到目标，同时尽力发挥迭代开发的主要效益。项目团队可以在项目结束时为尚未确定的需求留出一定量的计划时间。这就引入了一些与特性集相关的可变性，但在本例中是正向积极的可变性，因为只有在确定要实现合适特性时才会去做这样的事。这样的这种方式同时支持成本和进度的长期可预测性和适度的需求灵活性。

## 4.3 混乱的开发过程

即使在运行良好的项目中，不确定性锥形也代表了不确定性的固有存在。更大的可变性可能来源于运行不良的项目——也就是说，来自于原本可以避免的项目混乱状态。

项目混乱的常见例子如下。

- 一开始没有很好地调查需求
- 缺乏最终用户参与对需求的验证
- 糟糕的设计导致代码中出现大量错误
- 糟糕的编程实践导致广泛的缺陷修正
- 成员经验不足
- 不完整或不熟练的项目规划
- 有傲慢自大我行我素的团队成员
- 在压力下省略了项目规划
- 开发人员的画蛇添足
- 缺乏自动化源代码控制管理

以上列举的例子可能只是造成混乱的部分原因。更完整的相关讨论，请参见《快速开发》（McConnell 1996）的第 3 章以及网站 www.stevemcconnell.com/rdenum.htm。

这些混乱的源头有两个共同点。第一，每种方法都引入了使准确估算变得更困难的消极可变性。第二，解决这些问题的最佳方法不是估算，而是通过更好的项目控制。

> **#15**  不要期望仅仅依靠更好的估算实践就能够为混乱的项目提供更准确的估算。你不能准确地估算一个失控的过程。作为第一步，修正混乱的状态比改进估算更重要。

## 4.4    不稳定的需求

需求变化经常被认为是估算问题的一个常见来源（Lederer and Prasad 1992，Jones 1994，Stutzke 2005）。除了不稳定的需求产生的所有普通挑战之外，对于估算还提出了两个特定挑战。

第一个挑战是不稳定的需求表征了所在项目混乱状态的一种特定风格。如果需求不能稳定下来，不确定性的锥形就不会收窄，那么估算的可变性即使临到项目结束时可能仍然保持高水平。

第二个挑战是需求变更常常没有做好跟踪记录，并且项目也常常没有在应该做重新估算的时候执行重新估算。在一个运行良好的项目中，最初的需求集合会被定义为基线，项目基于这个基线来估算成本和进度。随着新需求的增加或旧需求的修改，成本和进度的估算将会被更新以反映这些变化。在实际情况中，当需求发生变化时，项目经理常常忽略成本和进度相关假设的更新工作。讽刺的是，针对原始功能的估算之前可能是准确的，但在这种情况下，几十个新的需求堆积到项目中——而且这些新需求虽然已经被批准放入项目，但没有详细解释——那么，完全不能指望这个项目还能符合原来的估算了，该项目注定延迟，即使每个人都同意增加新特性是不错的主意。

当项目中需求波动变化率较高时，本书中描述的估算技术肯定有助于更好地进行估算，但是仅靠更好的估算并不能完全解决由需求不稳定引起的问题。回应这个问题的更强有力的解决手段是项目控制，而非估算。如果项目环境制约无法达到需求稳定，那么可以考虑采用为快速变化环境而设计的其他开发方法，例如短迭代、Scrum、极限编程、DSDM（动态系统开发方法）和时间盒开发等。

> **#16**  要解决需求不稳定的问题，请考虑采用项目控制策略而非估算策略，或者在估算策略之外加上项目控制策略。

### 需求增长情况下的估算

如果确实想把不稳定需求的影响也纳入估算，可以简单将需求增长、需求变更或者两者皆有之的情况都并入估算中。图 4-5 显示了一个改进的不确定性锥形，它反映了整个项目过程中大约增长了 50%需求。此锥形仅供图解例证之用。具体数据点与原始锥形的研究并不一一对应。

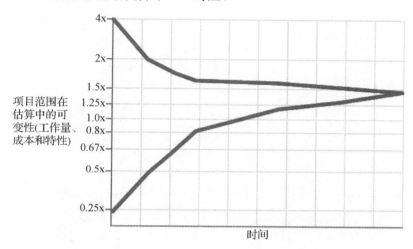

图 4-5　一个允许在项目过程中增加需求的不确定性锥形

这种方法已经被很多主要的公司组织采纳使用，包括 NASA 的软件工程实验室，该实验室项目过程中一般计划增加 40%需求（NASA SEL 1990）。Cocomo II 估算模型包含一个类似的概念——需求"割裂"，用这个概念来反映项目中需求的波动性（Boehm et al. 2000）。

## 4.5　被遗漏的活动

前几节描述了由项目本身产生的错误的来源。本章的其余部分将讨论在进行估算的操作实践中产生的错误。

估算错误最常见的来源之一，是在项目估算中遗忘一些必要的任务（Lederer and Prasad 1992，Coombs 2003）。研究人员发现，这种遗漏现象既存在于项目级别的规划，也存在于于个人级别的开发任务。一项研究发现，开发人员一般能做到相当准确地估算他们记得要估算的工作，但是他们往往忽略了 20%～30%的其他必要任务，这就直接导致了 20%～30%的估算错误（van Genuchten 1991）。

遗漏的工作可以分为三类：遗漏需求、遗漏软件开发活动和遗漏非软件开发活动。

表 4-2 列出了估算中经常遗漏的需求。

表 4-2   软件估算中经常遗漏的功能性和非功能性需求

| 功能需求领域 | 非功能性需求 |
|---|---|
| 安装/装置程序 | 准确性 |
| 数据转换工具 | 互通性 |
| 必要的粘合代码以集成第三方或开源软件 | 易修改性 |
| | 性能 |
| 帮助系统 | 可移植性 |
| 部署模式 | 可靠性 |
| 与外部系统的接口 | 响应性 |
| | 可重用性 |
| | 可扩展性 |
| | 安全 |
| | 抗灾性 |
| | 易用性 |

#17   在估算中包括显性的需求、隐含的需求和非功能性需求——即所有需求。没有什么是可以免费获得的，估算也不应该暗示项目会免费得到未估算的部分。

表 4-3 列出了估算人员经常遗漏的软件活动。

表 4-3   软件估算中经常遗漏的软件活动

新团队成员的准备时间
指导新团队成员
管理协调/经理会议
切换/部署
数据转换
安装
客户定制
需求澄清
维护版本控制系统
支持软件构建
维护运行日常软件构建所需的脚本
维护与日常构建一起使用的自动化冒烟测试
在用户处安装测试版本
测试数据的创建
Beta 测试程序的管理
参与技术评审
集成工作
处理变更请求
出席变更控制/分类会议

续表

协调分包商
项目期间对现有系统的技术支持
项目期间对原有系统的维护工作
缺陷审查/修正工作
性能调优
学习新的开发工具
与缺陷跟踪相关的管理工作
与测试人员协作（对于开发人员）
与开发人员协作（对于测试人员）
应答质量保证方面的问题
为用户文档提供输入并评审用户文档
技术文档评审
向客户或用户演示软件
在贸易展上演示软件
向高管、客户和最终用户演示软件或原型软件
与客户或最终用户交互；在客户处支持 Beta 测试版本安装
评审计划、估算、架构、详细设计、阶段计划、代码、测试用例等

 **#18**　在估算中包含所有必要的软件开发活动，而不仅仅是编码和测试。

表 4-4 列出了经常在估算中遗漏的非软件开发活动

表 4-4　软件估算中经常遗漏的非软件开发活动

| 休假 | 公司会议 |
| --- | --- |
| 公共假日 | 部门会议 |
| 病假 | 安装部署新的工作站 |
| 培训 | 在工作台上安装新版本的工具 |
| 周末 | 检修硬件和软件问题 |

有些项目故意为一个小项目将表 4-4 中的许多活动排在计划之外。这样的做法可能在短时间内有效，但是这些活动往往会悄然回到任何持续时间超过几周的项目中。

 **#19**　对于持续时间超过几周的项目，应包括休假、病假、培训实践和公司会议等日常活动的折让。

除了参考这些表中的条目来避免从估算中遗漏部分软件任务或其他种类活动之外，还可以考虑打开项目的工作分解结构（WBS），以查看所有应该考虑的标

准活动种类。10.3 节讨论了使用 WBS 进行估算的方法，并提供了一个通用的 WBS 样式。

## 4.6  盲目乐观

来自各方的乐观因素都影响着软件估算。对于项目的开发人员，微软副总裁皮特斯（Chris Peters）曾说："你永远不必担心开发人员做出的估算会过于悲观，因为开发人员总是会给出过于乐观的时间计划。"（Cusumano and Selby 1995）。在一项对 300 个软件项目的研究中，有报告说，开发人员的估算往往包含 20%～30%的乐观因素（van Genuchten 1991）。尽管经理有时会抱怨，但开发人员往往不愿意再出手去干掉他们自己做出的估算，因为那样的话，他们的估算会低得不像话！

（術）  **#20    不要削减开发人员的估算，他们可能已经过于乐观了。**

管理层也同样乐观。美国国防部对大约 100 个项目进度估算进行了研究，发现这些估算共通的"幻想因素"约为 1.33（Boehm 1981）。项目经理和高管可能并不认为项目可能比当前所能做的快 30%或便宜 30%，但可以肯定的是，他们的确希望项目能更快更便宜地完成，这种期待本身就是一种乐观。

这种乐观主义有如下常见变化。

- 这个项目上的生产效率会比上一个项目更好。
- 上一个项目出了很多问题。而这个项目不会出那么多问题。
- 这个项目开始的初期我们进展不快，我们沿着陡峭的学习曲线艰难前进。挣扎的过程中我们已经得到了很多经验教训，但是我们学到的所有东西将使我们后续的项目进展远比项目初期阶段顺利。

乐观是人类本性，考虑到这几乎是一个普遍事实，我认为可以把实际情况说成是一群乐观主义者在项目中一起"合谋伤害"软件估算。开发人员给出了乐观的估算。高管们很中意这种乐观的估算，因为这样的估算暗示着理想的商业目标是可能实现的。经理们喜欢这些估算，因为这样的估算暗示着他们可以迎合高层管理人员的目标。于是，软件项目就在这种乐观气氛中启动并起航了，却没有人严肃地审视这些估算是否一开始就为项目奠定好了基础。

## 4.7　主观性和偏见

主观性以乐观主义、有意识偏见和无意识偏见的形式悄然影响着估算。这里要对估算偏见和估算主观性进行区分，前者意味着有意在一个或另一个方向上捏造估算，而后者承认人为判断会受到个人主观经验的影响，无论是有意识的还是无意识的。

就偏见而言，一个现实例子是，当客户和经理发现估算与商业目标不一致时，有时候他们的反应是对估算、项目和项目团队施加更大的压力。75%～100%的大型项目都存在过大的进度压力（Jones 1994）。

就主观性而言，一个例子是，在考虑不同的估算技术时，人们经常自然而然地就倾向于去相信那些有更多"控制旋钮"的估算技术，因为这样调整参数以匹配自己项目具体情况的可控选项就更多，貌似估算就会更准确。

然而，事实正好相反。一个估值的控制旋钮越多，就越容易出现主观性的影响。问题不在于估算人员故意使他们的估算偏斜。更多的问题在于，每一个主观性的输入都有可能让估算技术的结果轻微升高或轻微降低，但随着大量的主观性输入进入系统，最终的系统累积效应可能十分显著。

我在教几百个估算人员使用 Cocomo II 估算模型的过程中，看到过一个这样的例子。Cocomo II 包括 17 个工作量乘法系数和 5 个比例系数。要用 Cocomo II 做出估算，估算人员必须决定怎样挨个调整这 22 个系数。调整这些系数原本的目地是反映你的项目现实情况，例如，团队是否高于或低于平均业务水平，软件是否比行业平均水平更复杂，等等。理论上，这 22 个控制旋钮允许进行任意微调来适应各种情况的估算。在实践中，这些控制旋钮却更像是为估算悄悄地引入了 22 个错误的机会。

图 4-6 显示了将 Cocomo II 的 17 个工作量乘法系数应用于同一估算问题，大约 100 组估算人员的估算结果范围。对于每个条形图，条形图的底部表示参与同一讨论会中最低的那一小组估算结果，条形图的顶部表示同一讨论会中最高的小组估算。而条形的总高度表示同一个讨论会中所有估算的变化范围。

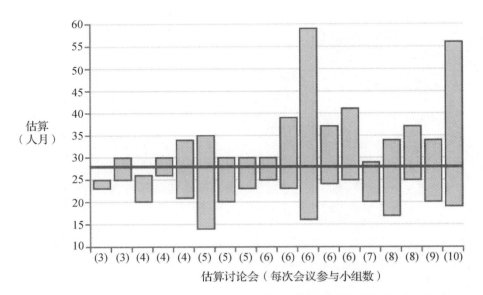

图 4-6  有许多调整系数时估算变化的例子。一种估算方法提供的可调整因素越多，就有越多的机会使主观性渗透到估算中

如果估算技术能产生一致的结果，我们应该会看到一系列短短的条形沿着那条较粗的水平横线（所有估算的平均值）聚集。但是，正如你所看到的，条形表示的估算之间的差异是巨大的。图中所有条形的最高点到最低点的总变化幅度已近 4 倍。在同一个讨论会之内，最低和最高小组估算的平均变化范围是 1.7 倍。

关于这些数据还有一点很重要，即这个特定的估算练习并没有外部偏见施加压力。这些估算活动都发生在一个强调准确性的教学讨论会中。影响这些估算的唯一偏见是估算人员自身经验中固有的偏见，即主观想法。在真实的估算情况下，由于还会增加影响估算的外部偏见，估算结果的可变性可能会更大。

相比之下，图 4-7 展示了一种估算技术的估算结果范围，这种估算技术只在一个位置允许为估算插入主观判断，也即是说，只有一个控制旋钮。（本例中的控制旋钮与前述 Cocomo II 系数无关）

正如你所看到的，这些结果的变化比有 17 个控制旋钮时的变化要小得多。在同一个讨论会之内，最低和最高小组估算的平均变化范围仅为 1.1 倍。

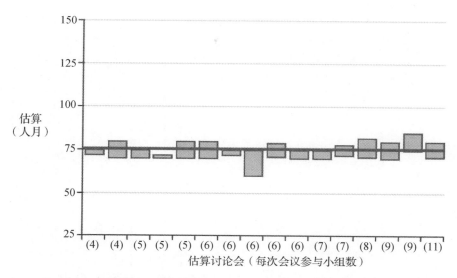

图 4-7　由于仅有少数调整系数估算结果变化范围不大的例子。两幅图的比例不同，但如果考虑到两幅图平均值的差异，它们是可以直接比较的

"并不是控制旋钮越多越好"这一发现不仅仅适用于软件估算。正如预测大师阿姆斯特朗（J. Scott Armstrong）曾经说的："从预测研究中得出的最经久不衰、最有用的结论之一是，简单的方法通常和复杂的方法一样准确。"（Armstrong 2001）

 **#21**　避免在估算中使用"控制旋钮"。虽然控制旋钮可能会给你一种更准确的感觉，但它们通常会引入主观性，会降低实际估算的准确性。

## 4.8　即兴估算

项目团队有时会被即兴的估算拖累。例如，你的老板问："在 Gigacorp 网站上实现打印预览需要多长时间？"你回答："我不知道。我想大概需要一个星期。我调查一下。"随即你离开，走回办公桌，看着你之前被问到的程序的设计和代码，注意到之前和经理谈话时你遗漏了一些事情，把这些变化信息累加起来，然后判断这个功能大约需要花费 5 周的时间。这时你赶紧赶去经理办公室更正之前的初次估算，但经理正在开会。当天晚些时候，你遇上了经理，还没等你开口，经理就说："因为这看起来像是一个小项目，我在今天下午的预算讨论会议上直接请求批准这个打印预览功能了。预算委员会的其他成员对这个新功能感到兴奋，迫不及待地想在下周看到它。你能今天就开始动手做这个功能吗？"

我发现，最保险的策略就是不要随便给出即兴的估算。有研究发现软件项目估算中的直觉和猜测和项目成本超支和进度超期直接相关（Lederer and Prasad 1992）。我从 24 个团队估算人员中收集了即兴估算的数据。图 4-8 显示了这 24 个团队估算人员的即兴估算与经过团队评审流程的估算结果的平均误差。

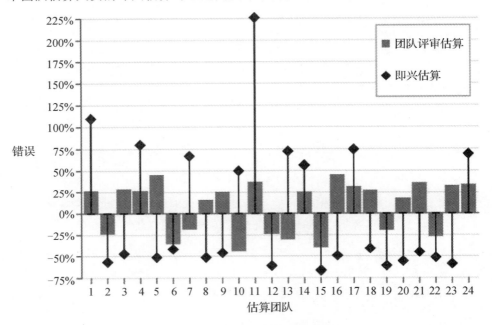

图 4-8　即兴估算与评审估算的平均误差

即兴估算的平均绝对值误差（MMRE[①]）为 67%，而评审估算的平均绝对值误差仅为 30%，不到即兴估算误差的一半。这些不是为软件做的估算，因此这其中的错误百分比不应该直接应用于软件项目估算。

当人们仅凭个人记忆进行估算时，通常会犯一个错误，他们会将新项目与记忆中以前的项目所花费的时间或工作量进行比较。但不幸的是，人们的记住的是他们自己对以前项目的估算，而不是以前项目的实际结果。如果他们使用过去的估算作为新的估算的基础，而过去的项目的实际结果超出了项目估算，你猜怎么着？估算人员刚刚把一个超支的项目作为基准来校准新项目的估值。

有发现猜测和直觉与项目超支有正相关关系，同时也发现使用"记录的实时"

---

① MMRE 等于 [（实际结果 – 估算结果） / 实际结果] 取绝对值。

与项目超支呈负相关关系（Lederer and Prasad）。换而言之，以下两种处理方式有天壤之别：直接"拍脑袋"给你老板一个即兴的答案；或者，说"我不能一下子给你一个答案，但是让我回到我的办公桌，查看一些笔记，然后在 15 分钟后回复你。这样可以吗？"

虽然这点看上去很简单，即兴估算却是项目团队最容易犯的错误之一（Lederer and Prasad 1992，Jørgensen 1997，Kitchenham et al. 2002）。避免即兴估算是本书要强调的最重要的要点之一。

（術）　**#22**　不要做即兴的估算。哪怕是花 15 分钟的估算也会比即兴估算更准确。

如果你的老板打电话来，坚持要你现在就给他估一个，怎么办？请回想一下你在第 2 章中估算能力小测验中的表现。有没有答对 8 到 10 个问题？如果答案是否定的，你在电话中给老板的即兴回答——尽管我们也承认估算总带有不确定性——有多大机会让你的估算有 90%的概率包括正确答案呢？

## 4.9　不适当的数值精度

在日常会话中，人们往往把"准确度"和"精确度"当作同义词。但是对于估算来说，弄清这两个术语之间的区别是至关重要的。

准确度指的是数字与真实值的接近程度。精确度仅仅指一个数值的数字精细程度。在软件估算中，这等同于估算结果有多少位有效位数。测量可以精确而不准确，也可以准确但不精确。数字 3 是圆周率 π（Pi）仅用一位有效数字的准确表示，但它并不精确。3.37882 是比 3 更精确的表示，但它并不比 3 更准确。

航班的时刻表精确到每分钟，但并不是很准确。以整米数为单位测量人的身高也许是准确的，但这个结果一点也不精确。

表 4-5 提供了准确、精确或两者兼而有之的数字示例。

对于软件估算来说，准确和精确之间的区别是至关重要的。项目干系人根据展示估算结果时数值的精确度对项目准确性进行假设。当你向大家展示 395.7 天的估算结果时，项目干系人会假设你的估算真的准确到 4 位有效数字！其实这种时候的估算的准确度可以通过 1 年、4 个季度或 13 个月来等数值更好地反映，而不是 395.7 天。使用 395.7 天而不是 1 年的估算值就好比用 3.37882 表示圆周率，这个数字更精确，但实际上不是很准确。

表 4-5    准确度和精确度实例

| 例子 | 说明 |
|------|------|
| $\pi = 3$ | 准确到 1 位有效数字，但不精确 |
| $\pi = 3.37882$ | 精确到 6 位有效数字，但只准确到 1 位有效数字 |
| $\pi = 3.14159$ | 既准确又精确到 6 位有效数字 |
| 我的身高 = 2 米 | 精确到 1 位有效数字，但不是很精确 |
| 航班时刻表 | 精确到分钟，但不是很准确 |
| "这个项目需要 395.7 天，±2 个月" | 高度精确，但准确度可能达不到有效数字所表述的精度 |
| "这个项目需要 1 年时间" | 不是很精确，但可能是准确的 |
| "这个项目需要花费 7214 个 人·小时" | 高度精确，但准确度可能达不到有效数字所表述的精度 |
| "这个项目需要 4 个 人年" | 不是很精确，但可能是准确的 |

 **#23**    将估算结果中的有效数字的位数（精确度）与估算的准确度匹配。

## 4.10    其他错误来源

本章前面所描述的是最常见和最重要的错误来源，但并非详尽无遗。这里还有一些其他错误来源可能影响估算。

- 不熟悉业务领域。
- 不熟悉技术领域。
- 从估算时间到项目时间的不正确转换，例如，错误地假设项目团队每天 8 小时，每周 5 天全部投入项目。
- 对统计概念的错误理解，尤其是将一组"最佳情况"或一组"最差情况"估算结果直接相加。
- 预算编制流程阻碍有效估算，尤其是在不确定性锥形很宽的情况下，非得要获取项目最终预算的正式批准。
- 具有准确的项目规模估算，但是在将规模估算转换为工作量估算时引入错误。
- 具有准确的项目规模和工作量估算，但是在将其转换为进度估算时引入错误。
- 夸大了新开发工具或方法为项目带来的节余。
- 在信息传递的过程中估算信息被简化，比如，在向管理层逐级上报的过程中，或进入预算编制的过程中等。

这些主题将在后面的章节中进一步展开讨论。

# 更多资源

Armstrong, J. Scott，ed. *Principles of Forecasting: A handbook for researchers and practitioners*. Boston. MA: Kluwer Academic Publishers, 2001. 作者是在市场环境下进行预测的领头研究人员之一。此书中的许多观察都与软件估算相关。他一直是过度复杂估算模型的主要批评者。

Boehm, Barry, et al. *Software Cost Estimation with Cocomo II*. Reading, MA: Addison-Wesley, 2000. 作者是第一个推广不确定性锥性的人（他称之为"漏斗曲线"）。此书中有他对这一现象的最新描述。

Cockburn, Alistair. *Agile Software Development*. Boston, MA: Addison-Wesley, 2001. 这本书介绍了敏捷开发方法，这些方法在需求高度波动的环境下特别有用。

Laranjeira, Luiz. "Software Size Estimation of Object-Oriented Systems," IEEE Transactions on Software Engineering, May 1990. 这篇文章为不确定性锥形的实用经验观测提供了理论研究基础。

Tockey，Steve. *Return on Software*. Boston，MA: Addison-Wesley，2005. 本书的第 21 章～第 23 章讨论了基本的估算概念、一般的估算技术以及估算中可容忍的不准确性。作者在书中详细讨论了如何构建自己的不确定性锥形。

Wiegers, Karl. *More About Software Requirements: Thorny Issues and Practical Advice*. Redmond, WA: Microsoft Press, 2006.

Wiegers, Karl. *Software Requirements, Second Edition*. Redmond, WA: Microsoft Press, 2003. 在这两本书描述了大量的实践，这些实践首先有助于引出良好的需求，从而极大地减少了项目后期的需求波动。（中文版注：本书目前有第 3 版，中文版书名为《软件需求》，李忠利、李淳、霍金健和孔晨辉翻译。可以扫码访问部分样章。）

# 第 5 章

# 影响估算的因素

> 68 + 73 等于多少？
>
> 工程师："141。"回答得既简单又讨巧。
>
> 数学家："根据加法的交换律，68 + 73 = 73 + 68。"回答虽然正确，但用处并不大。
>
> 会计："一般是 141 美元，但你打算用它做什么？"
>
> ——鲍伊姆（Barry W. Boehm）和费尔利（Richard E. Fairley）

对软件项目的影响因素可以通过几种方式进行分类。了解这些影响因素有助于提高估算的准确性，并有助于全面加深对软件项目动态变化的理解。

项目规模是工作量、成本和进度最重要的决定性因素。软件类型的影响力排在第二，人员因素紧随其后，排在第三。编程语言和开发环境虽然相对项目结果而言并不处于其影响因素的第一梯队，但两者对于估算却稳稳当当地迈入了影响因素的第一梯队。本章根据影响的显著程度从高到低顺序介绍第一梯队中的影响因素，末尾会提及第二梯队中的一部分影响因素。

## 5.1 项目规模

软件过程中，对于软件估算，最大的驱动因素是软件的规模，因为与其他任何因素相比，在规模这个因素上变化更多。图 5-1 显示了随着项目规模从 25 000 行代码增加到 1 000 000 行代码，一个中等规模的典型商业系统项目中工作量的增长变化。这个图用代码行数（LOC）来表示规模，但无论是使用功能点、需求数量、Web 页面数量还是其他单位来度量这个项目规模，都会得到一样的动态变化走势。

如图 5-1 所示，1 000 000 行代码的系统较之 100 000 行代码的系统，工作量有明显的上升。

从中可以看出软件规模是最大的成本驱动因素，这样的观点可能太显而易见，但在现实中，软件组织往往以两种方式违背这个基本事实。

- 在不知道软件规模的情况下，对成本、工作量和进度进行估算。
- 当软件规模被有意（即响应变更请求）增加时，却不调整成本、工作量和进度。

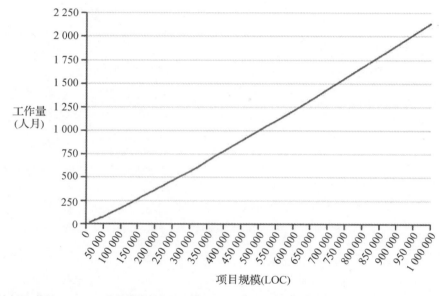

资料来源：使用 cocomo II 估算模型的数据计算，假设期望情况下有规模不经济效应（Boehm，et al 2000）

图 5-1　一个典型商业系统项目中的工作量增长变化。具体的数字只对这个特定的中型商业系统项目有意义。但图中的一般动态走势规律适用于所有类型的软件项目

#24　请投入适当的精力来估算将要构建的软件的规模。对于项目工作量和进度的影响，软件规模是唯一最重要的贡献者。

## 为什么本书用代码行数来讨论软件规模

刚接触估算的人有时会产生疑问，用代码行数度量软件规模是否是一种有意义的方法。因为需要面临一个问题，如今许多现代编程环境并不像老旧环境那样

面向代码行数。另一个问题是，许多软件开发工作（如需求、设计和测试）并不直接生成代码行。这些问题怎样影响用代码行度量项目的效果，如果对此感兴趣，请参见 18.1 节。

## 规模不经济效应

人们自然会认为，如果一个系统的规模是另一个系统的 10 倍，那么这个系统需要大约 10 倍于另一个系统的工作量。然而，100 万行代码系统的工作量却是 10 万行代码系统的 10 倍以上，10 万行代码系统的工作量也是 1 万行代码系统的 10 倍以上。

在软件行业中，一个基本问题是规模较大的项目需要更多的人员相互协作，这就需要更多的沟通（Brooks 1995）。随着项目规模的增加，不同人员之间的沟通路径的数量会随着项目中人员的数量呈平方关系增长[①]。图 5-2 演示了这种变化。

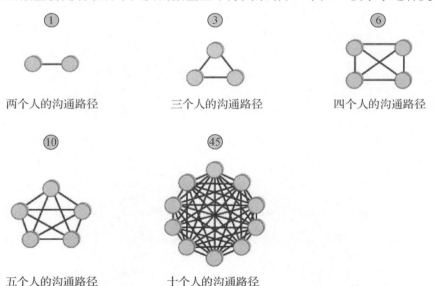

图 5-2　项目中沟通路径的数量与团队中人员数量的平方成比例增加

这种沟通路径（以及其他一些项目相关因素）呈指数级增长的结果是，随着项目规模的增加，项目的工作量也呈指数级增长。这就是所谓的规模不经济效应。

---

[①] 实际的沟通路径数是 $n \times (n-1) / 2$，这是一个复杂度为 $n^2$ 的函数。

在软件行业之外，通常提及的是规模经济效应而非规模不经济效应。规模经济效应是指"如果建一个更大的制造工厂，我们就能降低单位生产的成本。"规模经济效应意味着规模越大，单位平均成本越低。

规模不经济效应恰恰相反。在软件行业中，系统规模越大，单元平均成本越高。如果软件具有规模经济效应，那么 10 万行代码的系统成本将不到 1 万行代码系统成本的 10 倍。但现实情况几乎总是相反的。

图 5-3 展示了与一般线性增长变化相比软件中典型的规模不经济效应。

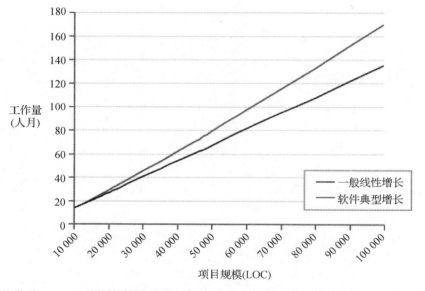

资料来源：使用 cocomo II 估算模型的数据计算，假设期望情况下有规模不经济效应（Boehm, et al 2000）

**图 5-3  典型业务系统项目的规模不经济，范围从 10 000 到 100 000 行代码**

从图 5-3 中可以看出，在本例中，10 000 LOC 系统需要 13.5 个人月的工作量。如果工作量线性增加，10 万行代码系统应该需要 135 个人月，但实际上需要 170 个人月。

如图 5-3 所示，规模不经济效应的影响看起来不是那么明显。实际上，在 10 000 LOC 到 100 000 LOC 范围内，规模不经济效应的效果一般不会特别显著。但有两个因素会让这种效果变得更显著。一个因素是项目规模的差异进一步扩大，另一个因素是随着项目规模增加，项目条件中的其他因素会以更快的加速度降低生产力。图 5-4 显示了规模范围从 10 000 LOC 到 1 000 000 LOC 项目的结果变化。除了预期的不经济变化，图表还显示了最坏情况下的不经济变化情况。

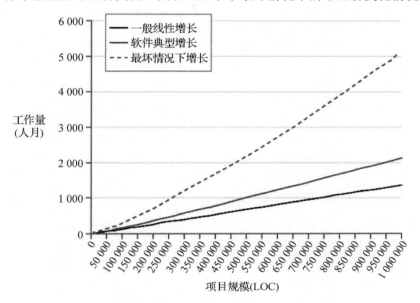

资料来源：使用 cocomo II 估算模型的数据计算，假设期望情况下有规模不经济效应（Boehm，et al 2000）

**图 5-4　规模差异较大的项目在典型情况下和最坏情况下的规模不经济变化**

在此图中，可以看到最坏情况下的工作量增长比预期工作增长要快得多，并且，在更大的项目规模中这种影响变得更加明显。在预期情况下的工作量增长曲线上，100 000 行代码的工作是 10 000 行代码的 13 倍，而不是 10 倍。而在 1 000 000 LOC 时，工作量是 10 000 LOC 的 160 倍，而不是 100 倍。

最坏的情况下非线性增长更加剧烈。在 100 000 LOC 的最坏情况曲线上需要的工作量是 10 000 LOC 的 17 倍，而在 1 000 000 LOC 上所需要的工作量不是 100 倍，而是 300 倍！

表 5-1 说明了项目规模和生产力之间的一般关系。

表中的数字仅用于规模的比较。但这些数据显示的总体趋势是明显的。小型项目的生产率可能是大型项目生产率的 2 到 3 倍，并且最小的项目到最大的项目之间，生产率可能相差 5 到 10 倍。

表 5-1  项目规模和生产力之间的关系

| 项目规模（行代码） | 生产力 行代码/人年 （用 Cocomo II 估算的生产力期望值） |
| --- | --- |
| 10K | 2 000–25 000（3 200） |
| 100K | 1 000–20 000（2 600） |
| 1M | 700–10 000（2 000） |
| 10M | 300–5 000（1 600） |

资料来源：衍生于 *Measures for Excellence*（Putnam and Meyers 1992）、*Industrial Strength Software*（Putnam and Meyers 1997）、*Software Cost Estimation with Cocomo II*（Boehm et al. 2000）和 *Software Development Worldwide : The State of the Practice*（Cusumano et al. 2003）中的数据

 **#25**  不要假设工作量与项目规模呈线性增长。工作量实际上呈指数级增长。

对于软件估算，规模不经济的影响既是一个好消息，也是一个坏消息。坏消息是，如果估算的项目规模变化很大，就不能简单地基于以前项目的工作量，用一个简单的比例系数来估算新的项目。如果以前一个 10 万 LOC 项目中的工作是 170 个人月，那么你可能认为生产率是 10 万/170，即每个人月平均产出 588 LOC。对于与这个老项目规模差不多的另一个项目，这可能是一个合理的假设，但如果新项目的规模是原来的 10 倍，那么以这种方式得出的估算结果可能会相差 30%～200%。

还有更多的坏消息：在估算中没有一种简单的技术可以解释两个项目规模的显著差异。如果正在估算一个与组织以前所有项目在规模上有显著差异的新项目，最好基于过去项目的结果，用那些应用了估算科学的专业估算软件来计算新项目的估算。我的公司提供了一个免费软件工具 Construx® Estimate，可以用来做这样的估算。可以从 *www.construx.com/estimate* 下载。

 **#26**  使用软件估算工具来计算不受规模经济影响的估算。

## 什么时候可以安全忽略规模不经济效应

在讲了所有这些坏消息之后，其实还有一些好消息。一般而言，组织中的大多数项目在规模上通常是相近的。如果正在估的新项目在规模上与过去的项目大致类似，那么使用简单的生产率（比如平均每个人月的代码行数）来估算新项目通常是安全的。图 5-5 展示了在特定规模范围内线性估算和指数估算之间的差异相对较小。

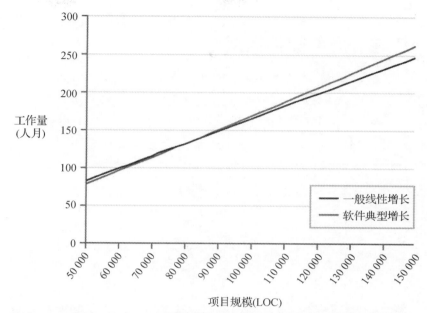

资料来源：使用cocomo II估算模型的数据计算，假设期望情况下有规模不经济效应
(Boehm，et al 2000)

图 5-5　在类似规模范围内的项目中，基于比率的估算和基于规模不经济效应的估算之间的差别
　　　　将是最小的

如果在有限的规模内使用基于比率的估算方法，那么估算就不会有太多错误。
如果使用中等规模多个项目的平均生产率，由于规模不经济效应引入的估算误
差不会超过 10%。如果工作环境中经常遇到高于平均水平的规模不经济效应，
估算差异可能会大于上述数字。

 **#27**　如果之前完成的项目与现在所估算的项目规模相当（相差倍数在 3 倍以内），可
　　　　以安全使用基于比率的估算方法（例如用每人月产生的代码行数）来估算新项目。

## 规模不经济效应在软件估算中的重要性

在软件估算的世界里，在规模不经济效应影响下怎么确定增长的确切幅度引起
了广泛的关注。尽管这很重要，但请记住，项目本身的规模是估算的最大影响
因素。规模不经济效应对估算的影响只是一个次要因素而已，因此应该将大部
分精力放在制定一个良好的规模估算上。我们将在第 18 章中更详细地讨论如何
得出软件规模估算。

## 5.2    正在开发的软件类型

项目规模之后，软件类型是影响估算的第二大因素。如果开发的是关系生命安全的软件，那么这个项目相比同样规模的商业系统项目必然需要更多的工作。表 5-2 显示了不同类型的软件项目每个人月生产的代码行数。

表 5-2    常见项目类型的生产率

| 软件类型 | LOC/人月  低-高（期望） | | |
| --- | --- | --- | --- |
| | 1 万行代码项目 | 10 万行代码项目 | 25 万行代码项目 |
| 航空电子技术 | 100–1 000<br>（200） | 20–300<br>（50） | 20–200<br>（40） |
| 商业系统 | 800–18 000<br>（3 000） | 200–7 000<br>（600） | 100–5 000<br>（500） |
| 指挥控制 | 200–3 000<br>（500） | 50–600<br>（100） | 40–500<br>（80） |
| 嵌入式系统 | 100–2 000<br>（300） | 30–500<br>（70） | 20–400<br>（60） |
| 互联网系统（公共） | 600–10 000<br>（1 500） | 100–2 000<br>（300） | 100–1 500<br>（200） |
| 内联网系统 （内部） | 1 500–18 000<br>（4 000） | 300–7 000<br>（800） | 200–5 000<br>（600） |
| 微代码 | 100–800<br>（200） | 20–200<br>（40） | 20–100<br>（30） |
| 过程控制 | 500–5 000<br>（1 000） | 100–1 000<br>（300） | 80–900<br>（200） |
| 实时系统 | 100–1 500<br>（200） | 20–300<br>（50） | 20–300<br>（40） |
| 科学系统/工程研究 | 500–7 500<br>（1 000） | 100–1 500<br>（300） | 80–1 000<br>（200） |
| 零售商业软件 | 400–5 000<br>（1 000） | 100–1 000<br>（200） | 70–800<br>（200） |
| 系统软件/驱动程序 | 200–5 000<br>（600） | 50–1 000<br>（100） | 40–800<br>（90） |
| 电信 | 200–3 000<br>（600） | 50–600<br>（100） | 40–500<br>（90） |

资料来源：根据 *Measures for Excellence*（Putnam and Meyers 1992）、*Industrial Strength Software*（Putnam and Meyers 1997）和 *Five Core Metrics*（Putnam and Meyers 2003）内容进行了调整和扩展

从表中可以看出，开发（供内部使用）的内联网系统的团队生成代码的速度可能比从事航空电子技术的项目、实时系统项目或嵌入式系统项目的团队快 10 到 20 倍。该表还再次印证了规模不经济效应：100 000 LOC 的项目生成代码的效率远远低于 10 000 LOC 的项目。250 000 LOC 的项目生成代码的效率更低。

针对具体的行业，估算时可以选用以下三种方式之一。

- 作为起点，首先运用表 5-2 中的结果。如果采取这个方式，请注意表中的范围很大——范围的高端和低端通常相差 10 倍。
- 使用像 Cocomo II 这样的估算模型，调整估算参数以匹配软件类型。如果采取这个方式，请记住第 4 章中关于在估算中使用太多控制旋钮的警告。
- 使用来自你自己组织的历史数据，这些数据将自动包含所在行业的特定开发因素。这是目前为止最好的方式，我们将在第 8 章中更详细地讨论历史数据的使用。

#28　在估算中考虑开发的是什么类型的软件。软件的类型是影响项目工作量和进度的第二大影响因素。

## 5.3　人员因素

人员因素对项目结果也有重要的影响。根据 Cocomo II 估算模型，在一个 100 000 LOC 的项目中，人员因素的综合作用可能左右项目估算的变化范围高达 22 倍！换而言之，如果项目在图 5-6 所示的每个类别中排名最末（灰色阴影条所示），那么所需要的总工作量将是在每个类别中排名最好的项目（深色填充条所示）的 22 倍。[①]

自 20 世纪 60 年代以来，众多研究证实了 Cocomo II 模型中这些系数的重要性。这些研究表明，个人和团队绩效之间的差异比例为 10∶1 到 20∶1（Sackman，Erikson，and Grant 1968；Weinberg and Schulman 1974；Curtis 1981；Mills 1983；Boehm，Gray，and Seewaldt 1984；DeMarco and Lister 1985；Curtis et al. 1986；Card 1987；Boehm 1987b；Boehm and Papaccio 1988；Valett and McGarry 1989；Boehm et al. 2000）。

---

① 每项能力最好结果除以最差结果，比如需求分析能力，（1+42%）/（1-29%），再将所有能力的相差比例全部相乘。

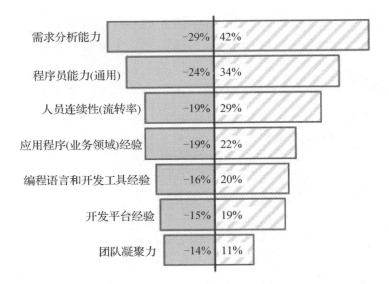

图 5-6  人员因素对项目工作量的影响。根据项目在每个因素上能力的强弱，项目结果根据所指示的
数值而变化——即是说，拥有水平最弱的需求分析人员的项目将比行业平均期望情况需要多
42%的工作量，而拥有最强需求分析人员的项目将比期望情况上少需要29%的工作量

这些能力的个体差异还隐含一个意思，如果不知道谁负责这项工作，你就不能准确地估算一个项目，因为个体绩效可能会有 10 倍以上的差异。然而，在任何特定的组织中，估算可能并不需要考虑太多这方面的可变性，因为软件从业人员有物以类聚的趋势，最顶级和最初级的开发人员都倾向于根据自身技术水平去选择雇主，雇主组织里的雇员通常技术水平相近（Mills 1983，DeMarco and Lister 1999）。

隐含的另一个意思是，最准确的估算方法将依赖于你是否知道具体哪个人会负责当前被估算的工作任务。这个问题在第 16 章中讨论。

## 5.4  编程语言

项目使用的特定编程语言至少会在四个方面影响估算。

首先，正如图 5-6 所示，项目团队关于特定编程语言和开发工具方面的经验对项目的总体生产率有大约 40%的影响（最差结果和最优结果之间的倍数差异）。

其次，有些语言每行代码生成的功能比其他语言多。表 5-3 显示了几种语言相对于 C 语言产生的功能数量。

表 5-3　高级语言语句与等效 C 语言代码的比率

| 编程语言 | 与等效 C 语言代码的比率 |
| --- | --- |
| C | 1：1 |
| C# | 1：2.5 |
| C++ | 1：2.5 |
| Cobol | 1：1.5 |
| Fortran 95 | 1：2 |
| Java | 1：2.5 |
| 汇编语言 | 2：1 |
| Perl | 1：6 |
| Smalltalk | 1：6 |
| SQL | 1：10 |
| Visual Basic | 1：4.5 |

资料来源：改编自 *Estimating Software Costs*（Jones 1998）和 *Software Cost Estimation with Cocomo II*（Boehm 2000）

如果组织中项目有固定的编程语言，对用什么编程语言并没有其他选择，那么这一影响因素与估算无关。但是，如果项目在选择编程语言时有一定的灵活性，那么可以看到，使用 Java、C#或 Microsoft Visual Basic 等语言比使用 C、Cobol 或宏汇编语言生产效率更高。

与编程语言相关的第三个影响因素是与编程语言配套的支持工具和开发环境的丰富性。根据 Cocomo II，在工具套件和开发环境上，最弱的配套条件较之最强的条件将增加大约 50%的项目总工作量（Boehm et al. 2000）。请认识到这一点，编程语言的选择可能决定配套工具套件和开发环境的选择。

与编程语言相关的最后一个因素是，使用解释性语言的开发人员往往比使用编译性语言的开发人员生产效率更高，差别可能达到 2 倍（Jones 1986a，Prechelt 2000）。

有关每行代码所产生的功能量的概念将在 18.2 节中进一步讨论。

## 5.5　其他影响项目的因素

在本章中，我已经多次提到 Cocomo II 估算模型。正如在第 4 章中所讨论的，由于主观性因素对估算的影响，我对使用 Cocomo II 中的调整因素持保留意见。然而，我的保留意见是源于对"使用失败"的担心，而不是对"方法失败"的担心。许多其他研究严格隔离特定因素对项目成果的影响，与他们相比，Cocomo II 模型的综合性考虑做得更好。大多数其他研究有意或无意地结合了多种影响因素。一项研究可能会检查软件过程改进的影响，但可能不会单独考虑切换编程语言的影响，或是将工作人员从两个地点合并到一个地点的影响。Cocomo II 模型对我所见过的特定因素进行了最严谨的统计分析。因此，尽管我更喜欢其他的估算方法，但我还是建议研究 Cocomo II 中提及的调整因素，以了解不同因素对软件项目的影响程度。

表 5-4 列出 Cocomo 的 17 个工作量乘法系数（EMs）的 Cocomo II 评级倍数因子。"非常低"的一列表示将根据该影响因素的最佳（或最差）影响倍数因子调整工作量估算的数值。例如，如果一个团队具有非常低的"应用程序（业务领域）经验"，那么可以将期望情况上的 Cocomo II 工作量估算结果乘以 1.22。如果团队有非常丰富的经验，可以将估算值乘以 0.81。

表 5-4　Cocomo II 调整因素

| 影响因素 | 评级 | | | | | | 影响系数 |
|---|---|---|---|---|---|---|---|
| | 非常低 | 低 | 正常 | 高 | 非常高 | 特别高 | |
| 应用程序（业务领域）经验 | 1.22 | 1.10 | 1.00 | 0.88 | 0.81 | | 1.51 |
| 数据库规模 | | 0.90 | 1.00 | 1.14 | 1.28 | | 1.42 |
| 为重用开发 | | 0.95 | 1.00 | 1.07 | 1.15 | 1.24 | 1.31 |
| 需要的文档化程度 | 0.81 | 0.91 | 1.00 | 1.11 | 1.23 | | 1.52 |
| 编程语言和开发工具经验 | 1.20 | 1.09 | 1.00 | 0.91 | 0.84 | | 1.43 |
| 多地开发 | 1.22 | 1.09 | 1.00 | 0.93 | 0.86 | 0.78 | 1.56 |
| 人员连续性（流转率） | 1.29 | 1.12 | 1.00 | 0.90 | 0.81 | | 1.59 |
| 开发平台经验 | 1.19 | 1.09 | 1.00 | 0.91 | 0.85 | | 1.40 |
| 开发平台的稳定性 | | 0.87 | 1.00 | 1.15 | 1.30 | | 1.49 |
| 产品复杂度 | 0.73 | 0.87 | 1.00 | 1.17 | 1.34 | 1.74 | 2.38 |
| 程序员能力（通用） | 1.34 | 1.15 | 1.00 | 0.88 | 0.76 | | 1.76 |
| 软件需要达到的可靠性 | 0.82 | 0.92 | 1.00 | 1.10 | 1.26 | | 1.54 |
| 需求分析能力 | 1.42 | 1.19 | 1.00 | 0.85 | 0.71 | | 2.00 |
| 存储约束 | | | 1.00 | 1.05 | 1.17 | 1.46 | 1.46 |
| 时间约束 | | | 1.00 | 1.11 | 1.29 | 1.63 | 1.63 |
| 使用软件工具 | 1.17 | 1.09 | 1.00 | 0.90 | 0.78 | | 1.50 |

表最右边的影响列显示了各个影响因素单独对总体工作量估算的影响程度。应用程序（业务领域）经验因素的影响系数为 1.51，这意味着由该项技能非常低的团队执行项目所需的总工作量是由该项技能非常高的团队执行项目所需总工作量的 1.51 倍。影响系数的计算方法是用最大值除以最小值。例如，1.51 等于 1.22/0.81。

图 5-7 是 Cocomo II 影响因素的另一种表示方法，其中的影响因素由高到低列出，从最显著影响到最不明显影响。

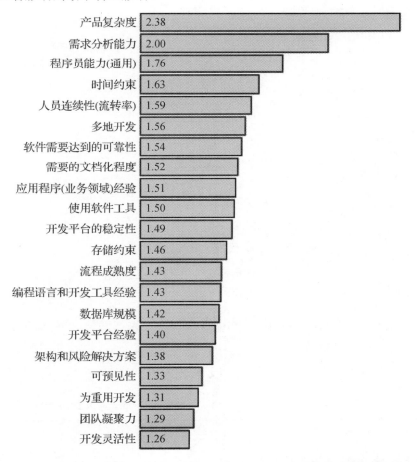

图 5-7　Cocomo II 影响因素按影响显著性排序。条的相对长度表示估算对不同因素的敏感性

图 5-8 展示了相同的影响因素，表示为它们增加总工作量（灰色条）和减少工作量（深色条）的可能性。

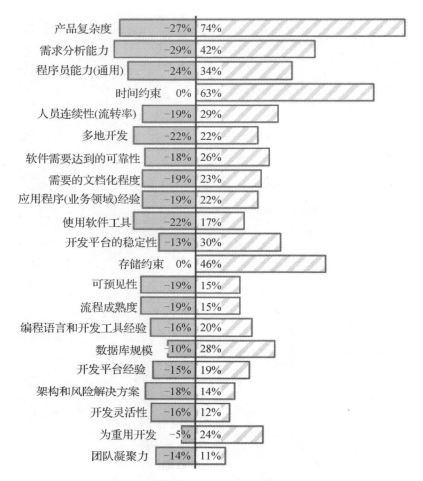

图 5-8   Cocomo II 影响因素按增加总工作量的可能性（灰色条）和减少总工作量的可能性（深色条）排列

表 5-5 按字母顺序列出了关于这些因素的一些观察结果。

表 5-5   Cocomo II 调整因素（按原英文字母顺序）

| Cocomo II 影响因素 | 影响 | 观察结果 |
| --- | --- | --- |
| 应用程序（业务领域）经验 | 1.51 | 不熟悉项目业务领域的团队需要更多的时间。这并不奇怪 |
| 架构和风险解决方案 | 1.38 * | 项目越积极地应对风险，付出的工作量和成本就越低。这是项目经理可以控制的为数不多的 Cocomo II 影响因素之一 |

| Cocomo II 影响因素 | 影响 | 观察结果 |
| --- | --- | --- |
| 数据库规模 | 1.42 | 大型、复杂的数据库在项目周期内需要更大的工作量。总体影响是中等的 |
| 为重用开发 | 1.31 | 以后期重用为目标开发的软件会增加 31%的成本。这并不是说这个新方法真的能成功。行业经验表明，颇具前瞻性的可重用程序常常会失败 |
| 需要的文档化程度 | 1.52 | 过多的文档工作会对整个项目产生负面影响。影响中等 |
| 编程语言和开发工具经验 | 1.43 | 具有编程语言和/或开发工具集经验的团队比正在学习曲线上爬升的团队工作效率更高。这并不奇怪 |
| 多地开发 | 1.56 | 由分布在全球多个地点的团队共同进行的项目将比由同一地点的团队进行的项目多花费 56%的精力。在多个地点进行的项目，也包括外包或离岸项目，需要认真考虑这种影响 |
| 人员连续性（流转率） | 1.59 | 项目人员流转代价是昂贵的——这在影响因素中排名跻身前三分之一 |
| 开发平台经验 | 1.40 | 底层技术平台的经验会适度地影响整个项目的绩效 |
| 开发平台的稳定性 | 1.49 | 如果平台不稳定，开发可能需要较长的时间。项目在决定何时采用新技术时应该权衡这一因素。这是系统软件项目比应用程序项目花费更长的时间的原因之一 |
| 可预见性 | 1.33[*] | 指该应用程序有多少类似的"先例"（我们通常说"史无前例"）。熟悉的系统比不熟悉的系统更容易实现 |
| 流程成熟度 | 1.43[*] | 使用更成熟开发流程的项目比使用不成熟流程的项目花费更少的工作量。Cocomo II 有对应 CMM 过程成熟度模型的设置，可以将此评判标准应用于特定的项目 |
| 产品复杂度 | 2.38 | 产品复杂度（软件复杂度）是 Cocomo II 模型中最重要的调整因素。产品的复杂性在很大程度上取决于所构建的软件的类型 |
| 程序员能力（通用） | 1.76 | 程序员的能力水平对整个项目结果的影响几乎有 2 倍差距 |
| 软件需要达到的可靠性 | 1.54 | 可靠性更高的系统需要更长的时间。这是嵌入式系统和关系生命安全的系统比其他类似规模的项目花费更多精力的一个原因（尽管不是唯一的原因）。在大多数情况下，你的市场决定了你的软件靠性必须有多高。通常情况下，并没有太多的空间来改变这个固有属性 |

续表

| Cocomo II 影响因素 | 影响 | 观察结果 |
|---|---|---|
| 需求分析能力 | 2.00 | 单个影响程度最大的人员因素—良好的需求分析能力—在整个项目的工作量中产生了 2 倍的影响因子。这方面的能力比任何其他因素更有潜力在期望情况下减少项目的总体工作量 |
| 开发灵活性 | 1.26[*] | 与那些坚持对所有需求进行严格的字面解释的项目相比，允许开发团队在一定程度上自由诠释需求的项目所花费的工作量更少 |
| 存储约束 | 1.46 | 在受存储限制的平台上工作，将适度地增加项目的工作量 |
| 团队凝聚力 | 129[*] | 具有高度协作交互的团队比成天吵成一团的团队开发软件的生产效率更高 |
| 时间约束 | 1.63 | 最小化响应时间会全面地增加工作量。这是系统项目和实时项目比其他类似规模的项目消耗更多工作量的原因之一 |
| 使用软件工具 | 1.50 | 先进的开发工具集套件可以大大减少工作量 |

*具体效果取决于项目规模。列出的效果适用于 100 000 LOC 的项目规模。下一节将讨论这些影响因素

如前所述，研究 Cocomo II 调整因素以了解项目本身的长处和短板会有立竿见影的效率。对于估算本身而言，使用过去或当前项目的历史数据比调整 Cocomo 的 22 个调整因素更容易、更准确。

第 8 章将讨论收集和使用历史数据的种种输入和输出。

## 5.6   再论规模不经济效应

Cocomo II 调整因素提供了一个关于规模不经济效应如何发挥作用的有趣观点。在图 5-9 中，图中的 5 个因子称为比例因子。这些都是导致软件规模不经济的因素。它们在不同规模上对项目产生不同程度的影响。图 5-9 显示了和图 5-7 相同的图，但比例因素用深色突出显示。

导致软件规模不经济的因素中，没有一个在显著性方面位于所有影响显著性排序的上半部分。事实上，末尾影响显著性最小的 5 个因素中有 4 个是比例因子。然而，由于在不同的项目规模下，比例因素对工作量的影响贡献是不同的，因此必须从特定规模的项目的角度来绘制此图。图 5-9 显示了一个包含 100 000 行

代码的项目的影响因素按影响显著性排序。图 5-10 显示了对于一个包含 500 万行代码的大型项目重新计算因子时会发生什么变化。

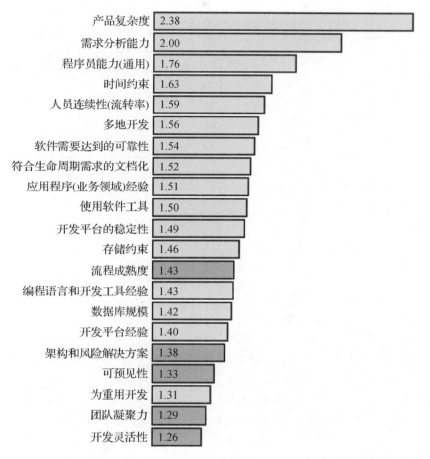

图 5-9 Cocomo II 影响因素，规模不经济因素用深色突出显示。项目规模为 100 000 LOC

随着项目规模的增加，所有比例因子的影响都变得非常显著。虽然在 100 000 LOC 时，它们都不在排序的上半部分，但是在 5 000 000 LOC 时，所有比例因子都在上半部分。

从估算的角度来看，这意味着不同的影响因素需要在不同的项目规模下赋予不同的加权。这意味着从项目规划和控制的角度来看，中小型项目的成功很大程度上取决于高水平的个体成员。大型项目仍然需要高水平的个体成员，但是项目管理的优劣程度（特别是在风险管理方面）、组织的成熟程度以及团队凝聚程度变得同样重要。

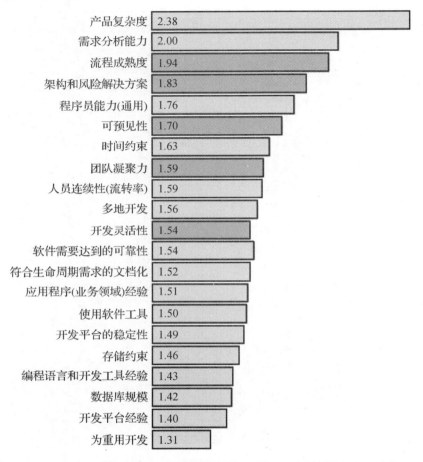

图 5-10    Cocomo II 因子，规模不经济因素用深色突出显示。项目规模为 5 000 000 LOC

# 更多资源

Boehm, Barry, et al. *Software Cost Estimation with Cocomo II*. Reading, MA: Addison-Wesley, 2000. 对 Cocomo II 模型的定义性描述。这本书的篇幅令人望而生畏，但它在前 80 页中描述了基本的 Cocomo 模型，包括本章中讨论的工作量乘数因子和比例因子的详细定义以及 Cocomo II 如何解释规模不经济。本书的其余部分描述了模型的扩展变化。

Putnam, Lawrence H. and Ware Myers. *Measures for Excellence: Reliable Software On Time, Within Budget*. Emg; Englewood Cliffs, NJ: ourdon Press, 1992. 本书描述了普特兰的估算方法，包括它如何解决规模不经济问题。我喜欢普特兰的模型，因为它包含很少的控制旋钮，并且在使用历史数据进行校准时效果最好。这本书是偏数学的，读起来可能比较慢。

# 第 II 部分　基本估算技术

# 第 6 章

# 估算技术介绍

前面第 1 章到第 5 章描述了构成所有软件估算基础的关键概念。本书现在详细讨论可应用于具体估算问题的具体估算技术。

使用这些技术的一个重要考虑因素是，不同的技术将适用于不同的环境。本章介绍了选用估算技术时一些主要的考虑因素。

## 6.1　选择估算技术时的考虑因素

在任何给定的情况下，决定最有用的技术一般基于两个主要的考虑：一是考虑第 5 章中所描述的影响因素；二是避免第 4 章中描述的估算错误来源。下面几节将描述应该考虑的主要问题。

### 估算的对象

一些项目有特定的目标特性集合，所以会侧重于估算交付这些特性所需要的时间和工作量。另外一些项目有固定的预算和开发时间范围，所以侧重于估算在这样的限定条件下可以交付多少特性。

不论估算的对象是什么，都有许多可选的估算技术。有一些技术更适用于估算项目需要多少工作量，有些适用于估算项目需要多长时间，或者适用于可以交付多少特性。

在本书中，估算项目规模是指估算给定的特性集合的技术工作范围大小（常见衡量单位如代码行数、功能点、故事或其他度量）。估算特性是指估算在时间和预算约束条件下可能交付多少特性。这些术语不是行业标准，为了清楚起见，本书先对这些术语进行定义。

## 项目规模

项目规模是选择最佳估算技术时要考虑的因素之一。

**小型项目**　我将一个小型项目描述为一个总共只有 5 个或更少技术人员的项目，但这是一个不太准确的宽松描述。小型项目通常不能使用大型项目常用的基于统计意义的技术，因为小型项目中个体生产力的可变性会掩盖其他因素的影响。

小型项目一般更倾向于采用扁平的人员组织架构（整个项目使用相同数量的团队人员），这使得一些使用更多算法适用于大型项目的估算方法在小型项目中并不十分有效。

对于小型项目来说，最好的估算技术往往是"自底向上"的技术，它基于实际在做该项目的员工个体所做的估算。

**大型项目**　大型项目的定义是一个团队有大约 25 人或更多人，项目时长为持续 6 到 12 个月或更长时间。

从项目的开始到结束，大型项目选用的最佳估算技术有显著的变化。在早期阶段，最好的估算方法往往是基于算法和统计数据的"自上而下"技术。当项目中还不知道具体会有哪些团队成员时——例如，当计划基于由"11 名高级工程师、25 名开发人员和 8 名测试人员"组成的团队，而不是具体的个人——这些估算方法是有效的。

在项目中期，基于项目自身历史数据，结合自顶向下和自底向上的技术会得到最准确的估算。在大型项目的后期阶段，自下而上的技术将提供最准确的估算。

**中型项目**　中型项目大约由 5 至 25 人组成，一般持续 3 至 12 个月。中型项目的优点是，能够使用几乎所有大型项目可以使用的估算技术以及一些小型项目适用的技术。

## 软件开发风格

对于估算而言，两种主要的开发风格是串行的和迭代的。有关迭代、敏捷和串行项目的行业术语可能令人眼花缭乱。就本书的目的而言，串行和迭代这两类项目之间的主要区别在于，前者在项目早期定义的需求占比更大，而后者在开始软件构建之后定义的需求占比更大。

下面介绍几种常见的开发方法以及怎么根据每种方法的使用标准来匹配软件开发风格。

**演进原型**　演进原型适用于需求未知的情况，使用进化原型的主要原因之一是帮助项目定义需求（McConnell 1996）。出于估算的目的，这是一种迭代开发风格。

**极限编程**　极限编程刻意只定义在下一个迭代中开发的需求，这种迭代通常持续不到一个月（Beck 2004）。出于估算的目的，极限编程是一种高度迭代的方法。

**演进交付**　演进交付的项目可以以任意程度预先定义需求，程度范围变化可以从"几乎没有"到"大多数"（Gilb 1988，McConnell 1996）。根据项目最终所要交付的程度不同，演进交付项目可以是串行的，也可以是迭代的。大多数演进交付项目在构建的开始仍然余留足够多未定义的需求，所以在实践中这个方法通常是迭代的。

**阶段式交付**　阶段式交付试图在开始大部分软件构建之前定义出其大部分需求（McConnell 1996）。它在设计、构建和测试中使用迭代，所以在某种意义上它是迭代的。但是，出于估算的目的，它是一种串行开发风格。

**Rational 统一过程**　Rational 统一过程（RUP）将其项目中划分的阶段称为"迭代"。然而，一个标准意义上的 RUP 项目试图在构建开始之前定义大约 80%的需求（Jacobson，Booch，and Rumbaugh 1999）。所以，出于估算的目的，RUP 是一种串行的开发风格。

**Scrum**　在 Scrum 这种风格中，项目团队能在 30 天的 sprint（Schwaber and Beedle 2002）内实现一组特性。一旦 sprint 开始，就不允许客户再更改需求。从单个 sprint 的角度来看，出于估算的目的，Scrum 是串行的开发风格。因为一个特性不会一次分配给多个 sprint，从多个 sprint（多个迭代）的角度来看，Scrum 是迭代的开发风格。

### 开发风格对选择估算技术的影响

迭代和串行项目都倾向于从自顶向下或基于统计的估算技术开始，并最终转移到自底向上的技术。由于迭代项目天然地使用项目自身的具体数据，所以能更快速地细化和改进项目的估算。

## 开发阶段

当团队在做项目时，生产软件的同时也在生产有用的信息来支持更准确的估算。在做项目的过程中，需求得到更好的理解，设计变得更加详细，计划变得更加可靠，这些项目本身产生的生产效率数据可以被用来估算项目剩余未完成的部分。

本书对开发阶段的定义如下。

**早期**    在串行项目中，早期阶段是指从项目概念开始直到大部分需求完成定义的时间段。在迭代项目中，早期指的是项目初始规划阶段。

**中期**    中期是指初始规划和早期构建之间的时间段。在一个串行项目中，这个时间将从需求和架构建立到项目已有足够的构建工作能生成可用于估算的项目生产率数据。在迭代项目中，中期一般指前面两 2～4 个迭代——也即在项目能够有信心根据自己的生产率数据进行估算之前所进行的几个迭代。

**后期**    后期是指从软件构建中期到最终发布的时间段。

有些估算技术在不确定性锥性的宽部有较好的效果。在项目开始生成可用于估算项目剩余未完成部分的数据之后，其他一些估算技术的效果更好。

## 可能达到的准确性

一项技术的准确性一部分取决于该技术本身的功能，一部分取决于该技术是否应用于恰当的估算问题，还有一部分取决于该技术应用在项目中的哪个阶段。

一些估算技术具有很高的准确度，但其代价很高。其他有些方法准确度较低，但成本也很低。通常你会希望使用最准确的可用技术，但是根据项目的阶段和在不确定性锥形中所处的位置，此时的估算准确度可能性是有限的，而此时使用低成本、低准确度的方法未必不合适。

# 6.2  技术适用性列表

本书其余的大部分章节，都以本章下面描述技术适用性的表作为开头介绍。这里有一个样本示例。

**本章技术的适用性——样本**

|  | 小组评审 | 基于具体项目数据进行校准 |
|---|---|---|
| 估算对象 | 规模，工作量，时间，特性 | 规模，工作量，时间，特性 |
| 项目规模 | 中 大 | 小 中 大 |
| 开发阶段 | 早期—中期 | 中期—后期 |
| 串行或迭代开发风格 | 均可 | 均可 |
| 可能达到的准确性 | 中—高 | 高 |

上表中的条目基于上一节中所描述的考虑因素。下表描述了这些表中条目的意义。

**"本章技术的适用性"中可能出现的条目**

| 条目 | 条目可能出现的内容 |
|---|---|
| 估算对象 | 规模，工作量，时间，特性 |
| 项目规模 | 小 中 大 （小型项目，中型项目，大型项目） |
| 开发阶段 | 早期，中期，后期 |
| 串行或迭代开发风格 | 迭代，串行，或两者均可 |
| 可能达到的准确性 | 低，中，高 |

**#29**　在选择估算技术时，要考虑估算对象、项目规模、开发阶段、软件开发风格以及需要的准确性。

# 第 7 章

# 计数，计算，判断

| 本章技术的适用性 | | |
| --- | --- | --- |
| | 计数 | 计算 |
| 估算对象 | 规模，特性 | 规模，工作量，时间，特性 |
| 项目规模 | 小 中 大 | 小 中 大 |
| 开发阶段 | 早期-中期 | 早期-中期 |
| 串行或迭代开发风格 | 均可 | 均可 |
| 可能达到的准确性 | 高 | 高 |

**场景**

假设你正在参加一个招待会，受邀的是全球最好的软件估算人员。房间里已经挤满了人，在房间的中央，你和另外三个估算人员坐在一张桌子边。放眼望去，目所能及都是应邀而来的估算人员嘉宾。突然，主持人走到麦克风前说："我们需要知道这个房间里到底有多少人，这样我们才能按人数来点甜点。谁能给我这个房间里人数的最准确估算？"

和你同桌的估算人员立即开始热烈讨论得到估算答案的最佳方法。坐你右手边的估算人员比尔说："我有估算人数的爱好。根据我的经验，我认为房间里大概有 335 个人。"

坐在桌子对面的估算人员卡尔说："这个房间的布置是每排 11 张桌子，每列 7 张桌子。我的一个朋友是宴会策划，她告诉我他们计划每桌坐 5 个人。在我看来，大多数桌子上确实都坐了 5 个人。11 乘以 7 乘以 5，得到 385 人。我认为我们应该以此作为我们的估算。"

你左边的估算人员露西则说："当我走进房间时，注意到有一个房间人数容量限制的指示牌，上面写着这个房间最多能容纳 485 人。现在看这个房间已经相当满了。我觉得差不多已经占了 70%~80%容量了。如果我们把这些百分比乘以房间容量最大限制数，可以得到 340 到 388 人。要不然我们用 364 人的平均值，或者简化成 365 人，你们觉得怎么样？"

比尔说："我们已经估算出 335，365，385 三个值了。看起来正确答案一定就在这三者之中。我觉得 365 这个数值看起来不错。"

"我也是，"卡尔说。

这时，每个人都望向没有发言的你。你说："我需要检查一些东西。你们能允许我离开一小会儿吗？"露西、卡尔和比尔好奇地看着你，说："好吧。"

几分钟后，你回到桌子前说："还记得我们进这个房间之前是怎么扫描门票的吗？在走进房间时，我注意到那个手持扫描仪上有一个计数器。所以刚才我回去和前门的检票员谈了谈。她告诉我，根据她的扫描仪显示，她已经扫描了 407 张票。她还说，到目前为止还没有人离开过这个房间。我想我们应该用 407 作为我们的估算。你们觉得呢？"

# 7.1  首先计数

你认为正确的答案是什么？是号称擅长估算人数的比尔所得出的 335 吗？是卡尔根据一些合理假设而得出的 385 吗？是露西根据另一些合理假设而得出的 365 吗？或者门票扫描仪计数所显示的407 吗？你对 407 是最准确的答案有任何怀疑吗？需要说明的是，故事的结尾是你所在的这一桌提议将 407 作为答案，而这是正确的结果，于是你们这一桌随后享受了最先上甜点的待遇。

这本书要告诉你的秘密之一是，应该避免做那些过去习惯认为是估算的事情！如果能直接数出答案，就应该先计数。在前面的故事中，这种方法确实得到了最准确的答案。

如果不能直接用计数的方式得到答案，就去数一些其他的东西，然后通过使用一些校准数据来计算答案。在这个故事中，卡尔有一些历史数据，他知道宴会计划每桌坐 5 个人。他数了有多少张桌子，然后从中计算出他的答案。

同样，露西的估算也是基于记录在案的事实——房间的容量限制。她根据自己的判断来估算房间里已经占了 70%～80%的容量。

最不准确的估算来自比尔，他仅仅依靠个人判断来得出答案。

> **#30**　如果可能的话，建议首先计数。不能计数的时候就计算。最后的手段才是仅仅依靠判断。

## 7.2　计数对象

软件项目中会产生许多可以用作计数的东西。在开发生命周期的早期，可以计数的对象包括市场需求、特性、用例和故事等。

在项目的中间阶段，可以在更细的粒度级别上进行计数——工程需求、功能点、变更请求、Web 页面、报告、对话框、屏幕和数据库表，等等，就不一一列举了。

在项目后期，可以在更细的层次上计数——已经写好的代码、报告的缺陷、类和任务以及之前阶段项目中可计数的所有对象。

可以根据几个目标来决定要计数对象。

**找到一些与正在估算的软件规模密切相关的东西**　如果项目的特性集合是固定的，成本和进度需要估算，那么对项目估算最大的影响因素就是软件的规模。当寻找计数对象时，去寻找那些最能直接反映软件规模的东西。例如，市场需求的数量、工程需求的数量和功能点都是与最终系统规模密切相关的可计数量化指标。

在不同的环境中，不同的量化指标是项目规模最准确的指标。在一个环境中，最好的指标可能是 Web 页面的数量。在另一种环境中，最好的指标可能是市场需求、测试用例、故事或配置设定规则的数量。诀窍是找到与所在项目环境规模密切相关的指标。

> **#30**　寻找一些可以用作计数的东西，在具体环境中可以用来有意义地度量工作范围。

**在开发生命周期中尽早找到可用于计数的东西**　在开发周期中越早找到有意义的东西进行计数，就越早为项目提供长期的可预测性。项目的代码行数通常是表征项目工作量的一个很好的指标，但是直到项目结束完成软件时，才可以实际地进行代码行数的计数。功能点与最终的项目规模密切相关，但是在详细的需求被定义出来之前，它们也是无法计数的。如果能找到一些更早开始计数的东西，就可以利用这些东西来更早进行估算。例如，可以根据市场需求的数量创建一个粗略的估算，然后之后再根据功能点的数量使得估算进一步收敛。

**找一些可以在统计学意义下做平均的东西来计数**　找一些数量上计数能数到 20 或更多的东西。从统计学上讲，需要至少有 20 个样本才能使平均值有意义。20 不是一个随便定下来的神奇数字，它是保证统计有效性的一个很好的指导性数量。

**了解你的计数对象**　因为这些计数对象是保证准确估算的基础，你需要确保相同的假设既适用于历史数据所基于的计数，也适用于当前估算所依赖的计数。如果你正在计数市场需求的数量，请确保历史数据计数中的"市场需求"与当前估算中计数的"市场需求"在个体上性质类似。如果你的历史数据表明公司之前一个项目团队每周交付 7 个用户故事，那么请确保相关团队规模、程序员经验、开发技术以及其他因素的假设，在当前估算的项目中也是相似的。

**找一些容易计数的东西**　在其他条件相同的情况下，你当然更愿意去数那些花费最少功夫的东西。在这一章开头的故事里，房间里的人数可以从检票扫描仪上直接查到。如果必须走到每张桌子前手动点人数，那么你很可能会认为不值得花费这个功夫去数一遍人数。

Cocomo II 项目的一个建议是，用一个叫"对象点"的单位来度量规模大小，这样的方式与用功能点来度量工作量的方式类似，但是只需要花费一半的工作量就能完成计数。因此，当项目处于不确定性锥形较宽的部分，"对象点"被视为功能点的有效替代用于估算活动中（Boehm et al . 2000）。

# 7.3　使用计算将计数结果转换为估算

如果采集到与计数相关的历史数据，就可以将计数转换为有用的数据，比如估算的工作量。表 7-1 列出了可能需要计数的量化指标以及从该量化指标计算出估算所需要的其他数据。

**#32**　收集历史数据，这些数据有助于用计数得到的量化指标计算估算值。

表 7-1　用于估算目的的可计数量化指标示例

| 可计数量化指标 | 将计数转换为估算所需要的历史数据 |
|---|---|
| 市场需求 | 每个市场需求的平均开发工作时间 |
| | 每个市场需求的平均独立测试工作工作时间 |
| | 每个市场需求的平均文档工作工作时间 |
| | 根据市场需求创建工程需求的平均工作时间 |
| 特性 | 每个特性用于开发和/或测试的平均工作时间 |
| 用例 | 每个用例的平均总工作时间 |
| | 在特定的日历时间内可以交付的用例的平均数量 |
| 故事 | 每个故事的平均总工作时间 |
| | 在特定的日历时间内可以交付的故事的平均数量 |
| 工程需求 | 每小时完成工程需求正式审查的平均数量 |
| | 每个工程需求所需要的开发/测试/文档的平均工作时间 |
| 功能点 | 每个功能点的平均开发/测试/文档工作量 |
| | 目标编程语言中每个功能点的平均代码行数 |
| 变更请求 | 每个变更请求所需要的平均开发/测试/文档工作量（根据变更请求的可变性，数据可以分解为每个小型、中型和大型变更请求所需要的平均工作） |
| Web 页面 | 用户界面工作的每个 Web 页面的平均工作量 |
| | 开发每个 Web 页面需要整个项目团队花费的平均工作量（不太可靠，但可能是一个有趣的数据点） |
| 报告 | 报告工作中每个报告的平均工作量 |
| 对话框 | 用户界面工作中每个对话框的平均工作量 |
| 数据库表 | 数据库工作中每张表单的平均工作量 |
| | 每张表需要整个项目团队花费的平均工作量（不太可靠，但可能是一个有趣的数据点） |
| 类 | 每个类的平均开发工作时间 |
| | 正式审查一个类的平均工作时间 |
| | 每个类的平均测试时间 |
| 发现的缺陷 | 每个缺陷修复的平均工作时间 |
| | 每个缺陷回归测试的平均工作时间 |
| | 在特定的日历时间内可以纠正的缺陷的平均数量 |
| 配置设定 | 每个配置设定的平均工作量 |
| 已经写完的代码行数 | 每行代码的平均缺陷数量 |
| | 平均每小时可以正式审查的代码行数 |
| | 一个版本到下一个版本之间的平均新代码行数 |
| 已经写完的测试用例 | 每个测试用例的平均发布阶段工作量 |

**在项目后期通过计数缺陷来估算**　一旦有了表中描述的那些历史数据种类，就可以用这些数据创建估算，这样得到的估算较之专家判断基础更为坚实。如果已知当前有 400 个未修复的缺陷，还知道到目前为止已经修复的 250 个缺陷平均每个缺陷需要花费 2 个小时，那么你就会知道，你需要大约 400 × 2 = 800 个小时来修复当前存在的缺陷。

**通过计数 Web 页面进行估算**　如果历史数据显示，到目前为止，项目为每一个 Web 页面会花平均 40 小时来完成设计、编码以及用动态内容测试，现在项目还剩下 12 个未完成的 Web 页面，那么你就会知道，你需要大约 12 × 40 = 480 小时的工作完成剩下的网页。

在这些例子中，重要的一点是这些估算中不涉及判断。先计数，然后计算。这个过程有助于保持估算不受偏见的影响，否则会降低估算的准确性。尽量用项目中可获得的东西作为计数对象，例如缺陷的数量，而且这样进行估算需要的工作量也很小。

#33　不要忽视简单粗略估算模型的威力，例如每个缺陷的平均工作量、每个 Web 页面的平均工作量、每个故事的平均工作量以及每个用例的平均工作量。

# 7.4　判断只能作为最后的手段

作为一种估算方法，所谓的专家判断其实是最不准确的。如果能把估算与具体实在的事物关联起来，估算才能获得最准确的结果。在本章开始讲述的故事中，最糟糕的估算是由仅凭判断的专家做出的。将估算与客房容量限制关联在一起的结果稍好一些，尽管这种方法会引入更多的错误，因为它需要判断房间的当前房间负荷占最大容量的百分比，这是估算人员的主观性或偏见干扰估算的一个可乘之机。

历史数据与计算相结合的方法，可以显著地避免偏见危及到基于判断的估算。也不要为了匹配心目中的专家判断而去故意歪曲和篡改通过计算得到的估算。当我写最新版《代码大全》（McConnell 2004a）时，我有一个团队用正式方式审查了前一版全书，总共 900 页。在我们的第一次审查会议中，我们的审查速度平均为每页 3 分钟。我意识到每页 3 分钟意味着大家要开 45 个小时的审查会议，我在第一次会议结束后发表意见说，我认为由于我们刚刚开始凝聚成为一个团队，在我看来，我们会在未来的会议中加快速度。于是我建议使用每页 2 或 2.5 分钟的平均工作时间来计划未来的会议，而不是 3 分钟。当时项目经理回答说，因为我们当前只有一次会议的数据，所以我们应该使用该次会议每页 3 分钟的速度作为基准来规划接下来的几次会议。如果需要的话，我们可以根据以后会议的不同数据来进一步调整计划。

项目完成 900 页的审查之后，你猜猜整本书每一页的平均审查时间是多少分钟？如果你猜每页 3 分钟，恭喜你，你猜对了！

 **#34** 避免使用专家判断来歪曲通过计算得出的估算。这种专家判断通常会降低估算的准确性。

# 更多资源

Boehm, Barry, et al. *Software Cost Estimation with Cocomo II*. Reading, MA: Addison-Wesley，2000. 书中提供了关于对象点的简短描述。

Lorenz, Mark and Jeff Kidd. *Object-Oriented Software Metrics*. Upper Saddle River, NJ: PTR Prentice Hall，1994. 书中提出了大量建议，说明在面向对象编程中哪些量化指标可以用作计数。

# 第 8 章

# 校准与历史数据

| 本章技术的适用性 | | | |
|---|---|---|---|
| | 用行业平均数据校准 | 用组织历史数据校准 | 用项目具体数据校准 |
| 估算对象 | 规模，工作量，时间，特性 | 规模，工作量，时间，特性 | 规模，工作量，时间，特性 |
| 项目规模 | 小 中 大 | 小 中 大 | 小 中 大 |
| 开发阶段 | 早期-中期 | 早期-中期 | 中期-后期 |
| 串行或迭代开发风格 | 均可 | 均可 | 均可 |
| 可能达到的准确性 | 低-中 | 中-高 | 高 |

校准可用于将计数转换为估算。例如，代码行数转换为工作量，用户故事转换为日历时间，需求转换为测试用例的数量，等等。估算的过程中总是涉及某种校准，无论是显式还是隐式的校准。使用各种数据进行校准进一步补全了第 7章中所描述的"首先计数，然后计算"方法的第二部分。

估算可以用以下三种数据中的任何一种来校准。

- **行业数据** 指的是来源于其他公司组织的数据，这些公司组织开发的软件与当前被估算的软件的基本类型相同。

- **历史数据** 在本书中是指来自组织内部的历史数据，该组织将承担当前所估算的项目。

- **项目数据** 指的是在同一项目中较早时段生成的数据。

历史数据和项目数据都非常有用，可以用于创建高度准确的估算。行业数据是一种不得已的临时候补，在没有历史数据或项目数据时可以使用行业数据。

## 8.1   历史数据的益处：提高准确性以及其他

使用组织内部历史数据最重要的原因是它能有助于提升估算的准确性。使用历史数据或"记录的事实"，与成本超期和进度超支呈负相关关系，也就是说，使用历史数据进行估算的项目往往不会超期和超支（Lederer and Prasad 1992）。

下面将讨论历史数据提高准确性的一些原因。

### 反映组织的影响

首先，使用历史数据能直接反映组织中对项目结果有影响的大量因素的综合作用。对于非常小的项目，员工个体能力主导了项目的结果。随着项目规模的增加，虽然有才能的员工个体仍然很重要，但是这些个体的工作受到组织里要么积极要么消极的因素影响。对于中型和大型项目，组织特征开始与个人能力发挥同等重要，甚至更重要的影响。

以下是影响项目结果的一些组织因素。

- 软件有多么复杂，执行时间约束是什么，需求可靠性如何，需要多少文档，该应用程序之前有过多少类似先例——也即，比照 Cocomo II 模型，这个项目中堆叠了多少与当前开发的软件相关的影响因素（详见第 5 章）？
- 在这个组织中，一般是拥有稳定的需求，还是项目团队在整个项目中都需要处理需求波动？
- 项目经理是有权将有问题的团队成员从项目中移除，还是组织的人力资源政策让这件事变得困难甚至不可能？
- 团队通常可以保证专注于当前的项目不受打扰，还是团队成员频繁地被抽调去支持产品发布或其他老项目？
- 组织是可以按照计划将团队成员在需要的时候添加到新项目中，还是在其他项目完成之前人员不能被释放？
- 组织是否鼓励使用高效的设计、构建、质量保证和测试实践？
- 组织是否在受相关规定或法律管制的环境中运行，例如美国联邦航空管理局（FAA）或美国食品和药物管理局（FDA）的管制？
- 项目经理是可以保证团队成员一直呆到项目完成，还是组织内保持很高的人员流动率让项目成员一直进进出出？

在估算中逐一考虑这些影响因素是困难的，而且还容易引入错误。但历史数据直接代表所有这些因素的综合影响，不论你是否了解其中每种因素的具体细节。

## 避免主观性和盲目乐观

主观性损害估算的一种方式是，项目经理或估算人员把新项目与旧项目进行比较，观察到两个项目之间存在许多差异，然后得出结论，这个新项目将比旧项目做得更好。他们会说："我们上一个项目的人员流动率很高。而这一次不会发生这样的情况，所以我们的生产率会更高。同时，上个项目中成员不断地被抽走去维护旧版本，我们将确保这一次不会发生。上个项目还有很多在后期临时加的市场需求，在这方面我们这次也会做得更好。另外，我们这次使用的是更好的技术和更新更有效的开发方法。有了这些改进，我们这个项目的生产率应该能提升。"

在以上列出的理由中，我们很容易识别出其中的乐观主义。上述所列出的因素更多地是由组织控制的，而不是由特定的项目经理控制的，因此，对于一个特定的项目来说，这其中的大多数影响因素往往难以加以控制。一旦其中一些影响因素被人为乐观地解释，就会在估算中引入偏差。

对于历史数据，你可以简单假设，下一个项目将与上一个项目情况大致相同。这是一个合理的假设。正如估算专家普特兰（Lawrence Putnam）所说，生产率是一种组织属性，不可能轻易地在不同的项目之间发生变化（Putnam and Myers 1992，Putnam and Myers 2003）。极限编程中也有相同的概念，称为"昨天的天气"，即今天的天气并不总是和昨天一样，但与任何其他日子的天气相似性相比，今天天气和昨天天气一样的可能性最大（Beck and Fowler 2001）。

**#35**　使用历史数据作为生产率假设的基础。不同于总是给未来画饼的共同基金，组织过去的绩效实际上是你未来绩效的最佳指标。

## 降低估算中的政治影响

在包含许多控制旋钮的估算模型中，一个容易落入的陷阱是许多影响显著的高杠杆控制旋钮都与人员有关。例如，Cocomo II 模型要求评估需求分析人员和程序员的能力水平，还要求评估其他几个不那么主观但也与经验相关的人员因素。Cocomo 要求估算人员将程序员能力按第 90 百分位、第 75 百分位、第 55 百分位、第 35 百分位或第 15 百分位分为不同水准。所有这些百分比都是指全行业范围的同比水平。

假设一个经理将 Cocomo II 估算模型带到与高管的会议中,会议议程是在经理的估算中查找冗余部分。很容易想象他们之间的对话会像下面这样展开:

> 经理:我知道,我们的目标是在 12 周之内完成这个版本,但是我的估算显示需要 16 周。让我们用这个软件估算工具来介绍一下。这些是我所做的假设。首先,我必须校准估算模型。对于"程序员能力"因素,我假设我们的程序员能力水平处于业内同比前 35 的百分位水平……

> 高管:什么?!我们的员工没有一个是低于业内平均水平的!你需要对你的员工更有信心!你是个什么样的经理啊?嗯,也许我们有一些员工不像其他人那么优秀,但是团队整体水平不可能那么糟糕。让我们假设团队整体水平至少达到平均值,对吧?你能把这个输入软件吗?

> 经理:好的。现在,下一个因素是需求工程师的能力。我们从来没有专门招聘优秀的需求工程师或在我们的工程师中培养这些技能,所以我假设需求工程师的能力水平处于业内同比的第 15 百分位……

> 高管:等等!才第 15 百分位吗?这些人非常有才华,即使他们没有接受过需求工程方面的正式培训。他们至少达到平均水平了。我们能把这个因子改成平均水平值吗?

> 经理:我没有理由把它们改成平均水平值。我们甚至没有任何可以称为需求专家的员工。

> 高管:好。我们妥协一下,把因子改为第 35 百分位吧。

> 经理:好的(叹气)。

在这段谈话中,如果经理使用 Cocomo II 模型调整因子,所需工作量的估算只能减少 23%(27%)。如果高管成功说服经理将需求工程师的能力等级评定为平均水平而不是第 35 百分位,那么这个估算将减少 39%。但无论是以哪种方式修改输入的能力水平,这次简单谈话都会导致前后的估算有显著的差异。

而一位用历史数据来校准估算的经理就可以完全避开直接讨论程序员是高于还是低于平均水平这样的问题。不管数值高低,生产率是由自己的历史数据决定的。一个非技术的项目干系人很难去反驳这样的声明:"我们每人月的工作量平均产出 300~450 行代码，所以我们用每人月 400 行代码的假设来校准这个模型，我们认为这样的假设确实有一点偏乐观，但还算是在一个谨慎的规划范围内。"

按道理讲，行业中有一半的程序员显然低于平均水平，但我很少遇到有项目经理或高管认为他们的程序员低于行业平均水平。

**#36**　使用历史数据来避免"我的团队能力低于平均水平"这种假设去引发充满政治色彩的估算讨论。

## 8.2　需要收集的数据

如果还没有收集历史数据，可以从一个很小的数据集开始收集：
- 规模（软件完成发布后的代码行数或其他可计数的指标）
- 工作量（人月）
- 时间（以月表示的日历时间）
- 缺陷（按严重程度分类）

即使只在两三个项目结束时收集寥寥几项数据，也会提供足够多的数据用以校准任何一种商业软件估算工具。这些数据还能用来计算一些简单但有用的比率，例如每个人月的代码行数。

这四种数据足就以校准估算模型，除了这一事实之外，大多数专家建议从小处着手的另一个原因是，这样就能充分理解你所正在收集的数据（Pietrasanta 1990，NASA SEL 1995）。如果不从小处着手，得到的数据可能在不同项目中有不同的定义，这会使收集的数据毫无意义。根据这四种数据的不同定义，每种数据采集到的数值可能相差 2 倍或更多。

### 与规模度量相关的问题

可以通过功能点、故事、Web 页面、数据库表和许多其他方式来度量已完成项目的规模，但大多数组织最终都选取使用代码行来获得与规模相关的历史数据。有关使用 LOC 度量的优点和缺点的更多细节将在 18.1 节估算规模的挑战中讨论。

对于代码行表示的项目规模，需要定义几个问题，包括以下内容：

- 所有代码都算还是只有已发布软件中包含的代码会算？（例如，脚手架代码[1]、模拟对象（mock object）代码、单元测试代码和系统测试代码是否算？）
- 如何算重用的代码（来自以前的版本）？
- 如何算开源代码或第三方库代码？
- 空白行和注释也会算，还是只计数非空白、非注释的源代码行？
- 类接口会算吗？
- 数据声明会算吗？
- 原本一行的逻辑代码行为了可读性而被断开并跨越多行，这样的情形如何计数？

在这个主题上没有任何行业标准，如何回答这些问题并不重要。[2]重要的是必须在不同的项目中始终如一地回答这些问题，这样，收集的数据中任何假设都会有意识地反映在估算中。

## 与工作量度量相关的问题

类似的注意事项也适用于收集工作量相关数据。

- 用小时、天或其他单位来度量时间吗？
- 每一天换算为多少小时？标准 8 小时还是为一个具体项目实际投入的小时数？
- 无薪加班是否会会统计？
- 公共节假日、修假和培训是否会统计？
- 是否考虑公司全体员工会议所占据的工时？
- 哪些工种的工作量会会统计？测试？一线管理？文档工作？需求？设计？研究？
- 涉及多个项目共用的工作部分，如何估算当前项目所花费的时间？
- 维护相同软件的以前旧版本，在本项目中怎么算维护所花费的时间？
- 怎么算用于支持销售电话和贸易展等的时间？
- 怎么算出差时间？
- 怎么算模糊的前端时间——在项目完全定义之前确定软件概念所花的

---

① 译者注：脚手架代码只定义规则，编译或运行中自动生成代码。
② 最接近软件行业标准的定义是一个非空的、非注释的、可交付的源语句，它包含接口和数据声明。这个定义仍然会留下一些未解答的具体问题，例如如何计算重用自以前项目的代码。

时间？

同样，这里的主要目标是，让所收集数据的定义清晰到足以了解你在估算什么。如果以前项目的数据中包含很高比例的无偿加班，并且你使用这些历史数据来估算未来的项目，猜猜会发生什么？你刚刚的校准为未来项目也加入了高比例无偿加班的规划。

## 与日历时间度量相关的问题

在许多组织中，确定一个特定项目持续了多长时间常常出人意料的困难。

- 项目是什么时候开始的？它是否在得到正式项目预算批准后才视作开始？它是否在开始关于项目的初始讨论时就视作开始了？它是在人员配备齐全之时视作开始的吗？琼斯（Capers Jones）报告说，只有不到 1% 的项目有一个明确定义的起点（Jones 1997）。
- 项目是什么时候结束的？当软件发布给客户时是否视作结束？当最终的候选版本交付给测试时是否视作结束？如果大多数程序员在正式发布前一个月就撤离了这个项目，该怎么算结束时间？琼斯报告说 15% 的项目有模糊不清的结束时间（Jones 1997）。

在这方面，如果组织具有清晰定义的里程碑指示项目启动和项目完成，会十分有益。同样，这里主要的目标是帮助你充分理解正在收集的数据。

## 与缺陷度量相关的问题

最后，缺陷度量也会基于缺陷的不同定义可能出现 2 倍或 3 倍的数量变化。

- 是将所有的变更请求都算作缺陷，还是只将那些最终归类为缺陷而非特性请求的变更请求算作缺陷？
- 同一缺陷的多次报告算作单个缺陷还是多个缺陷？
- 是统计开发人员检测到的缺陷，还是只统计测试人员检测到的缺陷？
- 在系统测试开始之前，是否统计发现的需求和设计缺陷？
- 是否统计在 alpha 或 beta 测试开始之前发现的编码缺陷？
- 在软件发布后，是否统计由用户报告的缺陷？

#37　在收集用于估算的历史数据时，从小处着手，确保你明白自己在收集什么，并始终如一地以同样的假设条件收集数据。

## 其他数据收集问题

在项目进行时收集历史数据往往最容易。在一个项目完成六个月后，要想通过努力回忆项目的"模糊前端"来确定项目的开始时间是很困难的。我们也特别容易忘记在项目临到结束时人们加了多少班。

 #38    在项目结束后尽快收集项目的历史数据。

虽然在项目结束时收集数据很有用，但在项目进行的过程中留存项目快照更有用。每 1 到 2 周收集一次关于规模、工作量和缺陷的数据可以为项目的动态变化提供非常有价值的洞察。

例如，收集报告的缺陷的快照可以帮助预测发现缺陷的速率以及在未来的项目中修复缺陷所需要的速率。收集加班工作量数据可以帮助了解组织动员员工支持项目的能力。如果一个项目人员配置速度比预期的要慢，这一回可能是个意外情况。但如果历史数据显示，最近三个项目的人员配备速率大致相同，那么这就表明确实存在一种组织层面的影响因素，而且在下一个项目中并不能轻易扭转这种状况。

 #39    在项目进行过程中，定期收集历史数据，构建一个基于数据的项目运行概况。

## 8.3　如何校准

收集数据的最终目标是将数据转换为可用于估算的模型。可以创建下面这些模型。

- 每人月开发人员平均写 X 行代码。
- 一个 3 人团队每个日历月可以交付 X 个故事。
- 我们的团队用平均每个用例 X 个工时的速率来创建用例，用每个用例 Y 个工时的速率来构建和交付用例。
- 我们的测试人员以每个测试用例 X 小时的速度创建测试用例。
- 在我们的环境中，我们用 C#语言为每个功能点平均写 X 行代码，用 Python 语言为每个功能点平均写 Y 行代码。
- 这个项目目前为止，每个缺陷的修正工作平均为 X 小时。

这些只是示例，用以说明可以用历史数据构建的模型种类。上一章的表 7-1 列出了更多的例子。

这些模型的一个共同特征是它们都是呈线性关系的。无论是 1 万 LOC 系统还是 100 万 LOC 系统，其线性数学关系都是相同的。但是由于软件的规模不经济效应，有一些模型需要根据不同的项目规模范围进行调整。你可以试着非正式地处理规模的差异性。表 8-1 展示了一个示例。

表 8-1　非正式地解释规模不经济的例子（仅供说明）

| 团队规模 | 每日历月平均交付故事数 |
| --- | --- |
| 1 | 5 |
| 2～3 | 12 |
| 4～5 | 22 |
| 6～7 | 31 |
| 8 | 无该团队规模下的项目数据 |

当项目规模上变化不大时，这种方法是有效的。有关项目规模在增长时出现较大差异的解释，请参见 5.1 节和 5.6 节。

## 8.4　使用项目数据改进估算

在本章的前面部分，我指出历史数据是有用的，因为它考虑了组织的影响，包括能辨识的和不能辨识的。同样的原理也适用于在特定项目中使用项目自身的历史数据（Gilb 1988，Cohn 2006）。单个项目的动态变化与其所在组织的其他项目动态变化还是会有一些不同的。使用来自项目本身的数据将直接反映这个特定项目独有的影响。越早开始基于项目自身的数据进行估算，估算就越早趋于真正准确。

**#40**　使用当前项目中的历史数据（项目数据）为项目的剩余部分创建高度准确的估算。

即使没有来自过去项目的历史数据，也可以从当前项目中收集数据，并将其作为估算项目剩余部分的基础。目标应该是尽快从使用组织数据或行业平均数据切换到使用项目数据。项目的迭代性越强，就能越快地切换到使用项目自身的历史数据。

从自己的项目收集和使用数据将在 16.4 节中进行更详细的讨论。12.3 节给出了一个使用项目数据来改进估算的具体例子。

## 8.5    用行业平均数据进行校准

如果没有自己的历史数据，就只能使用行业平均数据，聊胜于无，也别无他选。
如表 5-2 所示，同一行业内不同公司组织的生产率通常相差 10 倍。你的组织实
际上可能位于生产率范围的顶端或底部，如果直接使用所在行业的平均生产率，
那有可能会跟组织的实际情况相差甚远。

图 8-1 显示了使用行业平均数据创建的估算示例。图中使用的是一种称为蒙特卡
罗模拟的统计技术，每个点表示一次可能的项目结果，点越密集的区域代表可
能性越高。黑色实线表示在模拟过程中发现的工作量和进度的中值。黑色虚线
表示工作量和进度的第 25 和 75 个百分位数值。

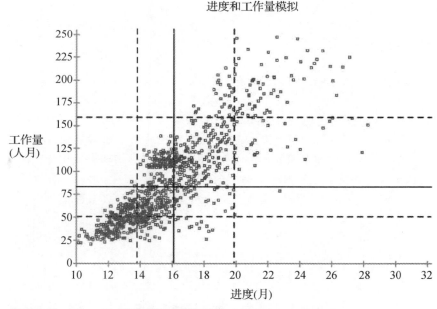

资料来源：用Construx估算软件进行的估算，参见www.construx.com/estimate

图 8-1    使用行业平均数据校准的估算结果示例。估算的工作量总变动范围约为 10 倍，从大约
　　　　  25 个人月到大约 250 个人月

图 8-2 显示了一个客户使用自身的历史数据校准的示例，此估算结果与图 8-1 是
可比较的。

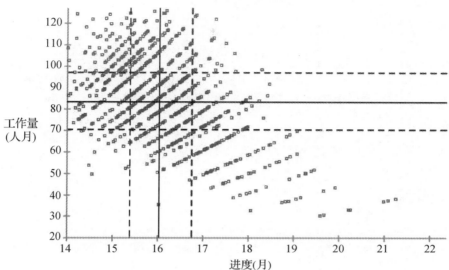

图 8-2  使用历史生产率数据校准的估算。估算的工作量总变动范围只相差大约 4 倍，从大约 30
个人月到大约 120 个人月

这两个项目的规模和期望生产率是相同的，但是这两个估算中的可变性的级别
是截然不同的。因为行业平均估算必须考虑到业内生产率差异范围的 10 倍因子，
所以使用行业平均数据创建的工作量估算的标准偏差大约是 100%！如果想用行
业平均数据给你的老板一个 25%～75%置信水平的估算，在这种情况下，需要
给出一个 50 到 160 人月的范围，整个范围上下足足有 3 倍的差异！

但如果可以使用历史数据而不是行业平均数据，那么你会给出一个 70 到 95 个
人月的范围，整个范围从高到低只有 1.4 倍差异。使用历史数据创建的估算的标
准偏差仅为 25%左右。

对于估算精度的研究发现，如果未将估算模型用估算环境的样本数据进行校准，
专家估算比估算模型更准确。但研究发现，如果使用历史数据校准模型，估算
模型和专家估算准确性一样好，或前者优于后者（Jørgensen 2002）。

#41  尽可能使用项目数据或历史数据而不是行业平均数据来校准估算。除了使估算更
准确之外，历史数据还将减少由生产率假设中的不确定性而导致的估算可变性。

## 8.6    小结

如果以前没有感受过历史数据的魔力，姑且可以原谅，因为你还没有任何用于估算的数据。但既然现在了解了历史数据的价值，就没有任何借口不去动手收集。请确保你明年重读这一章的时候，不会还在嚷嚷："多么希望我有一些历史数据啊！"

 **#42**　如果现在还没有历史数据，尽快开始收集。

## 更多资源

Boehm, Barry, et al. *Software Cost Estimation with Cocomo II*. Reading, MA: Addison-Wesley, 2000. 附录 E 中包含一个清单，对精确定义代码行的意义非常有用。

Gilb, Tom. *Principles of Software Engineering Management*. Workingham，England: Addison-Wesley, 1988. 7.14 节描述使用项目自身具体数据来改进估算。本书对演进交付的描述是基于这样一种期望：项目将构建反馈循环，使得项目可以用自我纠正的方式进行估算、计划和管理。

Grady, Robert B. and Deborah L. Caswell. *Software Metrics: Establishing a Company-Wide Program*. Englewood Cliffs, NJ: Prentice Hall, 1987. 这本书和下面的书描述了作者在惠普建立度量程序的经验。这些书包含许多关于设置度量程序的缺陷的真知灼见以及一些难得的有用数据的有趣示例。

Grady, Robert B. *Practical Software Metrics for Project Management and Process Improvement*. Englewood Cliffs, NJ: Prentice Hall, 1992.

Jones, Capers. *Applied Software Measurement: Assuring Productivity and Quality, 2d Ed*. New York, NY: McGraw-Hill, 1997. 第 3 章很好地讨论了在规模、工作量和质量度量中错误的来源。

Putnam, Lawrence H. and Ware Myers. *Five Core Metrics*. New York, NY: Dorset House, 2003. 这本书提出了一个令人信服的观点，收集数据的五个核心指标是规模、生产力、时间、工作量和可靠性。

软件工程学会的软件工程测量与分析（SEMA）网站：*www.sei.cmu.edu/sema/*。这个综合性网站帮助组织创建数据收集（测量）实践并使用他们收集到的数据。

# 第 9 章

# 个体专家判断

## 本章技术的适用性

| | 采用结构化流程 | 采用估算检查清单 | 估算全范围内的任务工作量 | 估算和实际对比 |
|---|---|---|---|---|
| 估算对象 | 工作量，时间，特性 | 工作量，时间，特性 | 规模，工作量，时间，特性 | 规模，工作量，时间，特性 |
| 项目规模 | 小 中 大 | 小 中 大 | 小 中 大 | 小 中 大 |
| 开发阶段 | 早期-后期 | 早期-后期 | 早期-后期 | 早期-后期 |
| 串行或迭代开发风格 | 均可 | 均可 | 均可 | 均可 |
| 可能达到的准确性 | 高 | 高 | 高 | 无 |

作为一种估算方法，个体专家判断是迄今为止在实践中最常用的（Jørgensen 2002）。有研究发现，83%的估算人员使用"非正式类比"作为他们主要的估算技术（Hihn and Habib agahi 1991）。新西兰的一项调查发现，86%的软件组织使用"专家估算"（Paynter 1996）。有研究发现，72%的项目估算是基于"专家意见"（Kitchenham et al. 2002）。

个体专家判断估算是自底向上估算的基础，但并非所有的专家判断都同等有效。的确，正如第 7 章所指出的，判断是最危险的一种估算方法。

在讨论专家判断时，我们首先需要问什么方面的专家？一个人精通技术或开发实践并不会使他（她）直接成为估算方面的专家。有文献曾提及，增加从事一项活动的经验并不会增加该活动相关估算的准确度（Jørgensen 2002）。其他研究发现，专家总是倾向于使用简单的估算策略，即便他们在估算的主题上有很高的专业水平（Josephs and Hahn 1995，Todd and Benbasat 2000）。

本章描述了如何确保在使用专家判断时，判断是有效的。本章的讨论与第 10 章的讨论密切相关，这一章解释了如何准确地组合多个个体专家的估算。

## 9.1    结构化专家判断

个体专家判断不一定是非正式的或基于直觉的。研究人员发现，直观性的专家判断和结构化的专家判断之间，准确度差异显著。直观性的专家判断往往是不准确的（Lederer and Prasad 1992）。结构化的专家判断可以和基于模型的估算产生一样准确的估算（Jørgensen 2002）。

### 谁做估算？

对于特定任务的估算——例如估算编码和调试特定特性，或创建特定测试用例集所需的时间——将要实际从事这些工作的人员会做出最准确的估算。而不会直接参与这些工作的人所做出的估算就不会太准确（Lederer and Prasad 1992）。此外，只做估算人员比那些又做估算又做开发的人员更容易低估（Lederer and Prasad 1992）。

#43    要创建任务级别的估算，让实际做这些工作的人做出估算。

此指导原则适用于任务级别的估算。如果你的项目仍然处于不确定性锥形的宽部（即这时还没有确定或分配给个人的具体任务），则此时做估算的人应该是专家估算人员，或所能找到的最专业的开发、质量保证和文档人员。

### 粒度

提高任务级别估算准确度的最佳方法之一是将大型任务分解为小型任务。在创建估算时，开发人员、测试人员和管理人员倾向于将目光集中在他们所能理解的任务上，而忽视他们不熟悉的任务。常见的结果是，日程表上的一行条目"数据转换"，本来以为只花 2 周时间，结果却花了 2 个月，因为没有人去调查过这个条目实际涉及的内容。

在任务级别进行估算时，请将估算分解为不超过 2 天的任务。大于此粒度的任务中可能存在太多角落隐藏着意料之外的工作。以 1/4 天、1/2 天或 1 天的粒度来估算，也是合适的粒度水平。

### 使用范围

如果要求开发人员估算一组特性，开发人员通常会给出类似于表 9-1 的估算。

表 9-1　开发人员单点估算的示例

| 特性 | 估算完成天数 |
|------|-------------|
| 特性 1 | 1.5 |
| 特性 2 | 1.5 |
| 特性 3 | 2.0 |
| 特性 4 | 0.5 |
| 特性 5 | 0.5 |
| 特性 6 | 0.25 |
| 特性 7 | 2.0 |
| 特性 8 | 1.0 |
| 特性 9 | 0.75 |
| 特性 10 | 1.25 |
| 总计 | 11.25 |

随后，如果要求同一开发人员再重新估算每个特性的最佳情况和最差情况，开发人员通常会返回与表 9-2 类似的估算。

表 9-2　使用最佳情况和最坏情况进行个体估算的示例

| 特性 | 估算完成天数 | |
|------|-------------|---|
| | 最佳情况 | 最差情况 |
| 特性 1 | 1.25 | 2.0 |
| 特性 2 | 1.5 | 2.5 |
| 特性 3 | 2.0 | 3.0 |
| 特性 4 | 0.75 | 2.0 |
| 特性 5 | 0.5 | 1.25 |
| 特性 6 | 0.25 | 0.5 |
| 特性 7 | 1.5 | 2.5 |
| 特性 8 | 1.0 | 1.5 |
| 特性 9 | 0.5 | 1.0 |
| 特性 10 | 1.25 | 2.0 |
| 总计 | 10.5 [1] | 18.25 |

当简单合计最佳情况估算和最差情况估算时，会出现一些统计上的异常。第 10 章会详细讨论这些问题。

当将最初的单点估算与最佳情况和最差情况估算进行比较时，你会发现，单点估算的 11.25 总数更接近 10.5 天的最佳情况估算，而不是 18.25 天的最差情况估算。

如果检查特性 4 的估算值，还会注意到最佳情况和最差情况的估算值都高于最初的单点估算值。当人们对最差的情况进行思考时，有时会发掘出新的发现——即使在最佳情况下也必须加上更多工作，这可能会提高期望估算。在让开发人员仔细思考最差的情况时，我喜欢问这样的问题，如果一切都出了问题，任务将花费多长时间。人们想到的最差的情况，往往依然是乐观情景下的最差情况，而不是真正的最差情况。

如果你是经理或团队负责人，可以让开发人员先创建一组单点估算。藏起那些估算，不让他们看见。然后再让开发人员创建一组最好和最差的情况估算。让他们将最好和最差的情况估算与最初的单点估算进行比较。这通常是一次让大家开阔眼界的经历。

这种做法有两个好处。首先，它让人们意识到单点估算往往近似于最佳情况估算。其次，经过多次练习写下最好和最差情况估算，人们会逐渐加深在估算时考虑最差情况结果的习惯。一旦你养成同时考虑最好情况和最差情况的习惯，你就会在任务级别的单点估算中更好地考虑全范围所有可能的结果，不管你是否真正写下了最好和最差的情况。

 **#44**　创建最好和最差情况下的估算，以激发对全范围所有可能结果的思考。

## 公式

创建最佳情况和最差情况估算只是第一步而已。仍然需要考虑使用哪个估算值。或者你应该用数学中的中点值来代替期望值？而答案是，以上都不是。因为在很多情况下，最差的情况比预期的情况还要糟。直接取这些范围的中点值可能会导致不必要的高估估算。

程序估算和评审技术（PERT）提供了计算期望值的一种方法，得到的期望值可能不在最佳情况和最差情况之间的中点值上（Putnam and Myers 1992，Stutzke 2005）。要使用 PERT，还需要向情况集添加一个额外的最有可能情况。可以用专家的判断来估算这个最有可能情况。然后，用下面这个公式计算期望的情况：

$$期望情况 = [最佳情况 + （4 \times 最有可能情况）+ 最差情况]/6$$

这个公式表征了全范围的宽度和范围内最可能情况的位置。表 9-3 包括表 9-2 的估算值，并添加了最可能情况和用公式计算出的期望情况。从表中可以看出，在最后一排，13.62 的总体期望值比 14.4 的中点值更偏向全范围的下限。

表 9-3　使用最佳情况、最差情况和最可能情况进行个体估算的示例

估算完成天数

| 特性 | 最佳情况 | 最可能情况 | 最差情况 | 期望情况 |
|------|---------|-----------|---------|---------|
| 特性 1 | 1.25 | 1.5 | 2.0 | 1.54 |
| 特性 2 | 1.5 | 1.75 | 2.5 | 1.83 |
| 特性 3 | 2.0 | 2.25 | 3.0 | 2.33 |
| 特性 4 | 0.75 | 1 | 2.0 | 1.13 |
| 特性 5 | 0.5 | 0.75 | 1.25 | 0.79 |
| 特性 6 | 0.25 | 0.5 | 0.5 | 0.46 |
| 特性 7 | 1.5 | 2 | 2.5 | 2.00 |
| 特性 8 | 1.0 | 1.25 | 1.5 | 1.25 |
| 特性 9 | 0.5 | 0.75 | 1.0 | 0.75 |
| 特性 10 | 1.25 | 1.5 | 2.0 | 1.54 |
| 总计 | 10.5 | 13.25 | 18.25 | 13.62 |

正如在第 4 章中所讨论的，人们关于"最可能情况"的估算往往是乐观的，当使用这种 PERT 方法时，它可能会产生总体偏向乐观的估算。一些估算专家建议修改基本的 PERT 公式，以补偿估算中的下行偏差（Stutzke 2005）。下面是修改后的公式：

期望情况 ＝[最佳情况 ＋ （3× 最有可能情况）+（2× 最差情况）]/6

这是对该问题的一个合理的短期解决方案。这个问题的长期解决方案是在工作中通过练习让人们关于最有可能情况的估算变得更准确。

## 检查清单

智者千虑，必有一失，即使是专家，偶尔也会考虑不到他们应该考虑的一切。在各种学科中对于预测的研究都发现，简单的检查清单可以帮助提醒人们考虑他们可能忘记的事情，从而提高预测的准确度（Park 1996，Harvey 2001，Jørgensen 2002）。表 9-4 展示了一个清单，可以用来提高估算的准确性。

表 9-4   个人估算检查清单

| |
|---|
| 所估算的对象是否有明确的定义？ |
| 估算是否包括完成任务所需的所有类型的工作？ |
| 估算是否包括完成任务所涉及的所有功能区域？ |
| 估算是否被分解到足够细的粒度，以便有足够细节来发掘隐藏的工作？ |
| 你是否查看了过去工作中记录下来的事实（书面记录），而不是仅仅根据记忆进行估算？ |
| 估算是否得到实际工作在该任务上的人员的赞同？ |
| 估算中假设的生产效率是否与在类似的任务中所达到的绩效相似？ |
| 估算是否包括最佳情况、最差情况和最可能的情况？ |
| 最差情况真的是最差的情况吗？还需要让它变得更差吗？ |
| 期望情况是否基于其他情况得到了适当的计算？ |
| 估算中的假设是否有文档记录？ |
| 自估算开始准备以来，情况是否有所改变？ |

为了避免在估算过程中遗漏工作，还可以查看 4.5 节中经常被忽略的活动列表。

**#45**   运用估算检查清单来改善个人估算能力。开发和维护自己的个人检查清单，以提高估算的准确性。

## 9.2   将估算与实际进行比较

从单点/最佳情况估算中做出自我反思只是成功的一半。另一半是比较实际结果和估算结果，这样就能进一步完善你的个人估算能力。

列出估算，并在完成工作后填写实际结果。然后，计算估算的相对误差（MRE）的大小（Conte，Dunsmore，and Shen 1986）。MRE 的计算公式为：

相对误差 = 取绝对值[（实际结果-估算结果）/实际结果]

表 9-5 显示了前面给出的最佳和最坏情况估算的相对误差计算结果。

表 9-5　　跟踪记录个人估算准确性的表示例

| 特性 | 估算完成天数 | | | | 相对误差 | 在最佳和最差情况范围之内? |
| | 最佳情况 | 最差情况 | 期望情况 | 实际结果 | | |
| --- | --- | --- | --- | --- | --- | --- |
| 特性 1 | 1.25 | 2 | 1.54 | 2 | 23% | 是 |
| 特性 2 | 1.5 | 2.5 | 1.83 | 2.5 | 27% | 是 |
| 特性 3 | 2 | 3 | 2.33 | 1.25 | 87% | 否 |
| 特性 4 | 0.75 | 2 | 1.13 | 1.5 | 25% | 是 |
| 特性 5 | 0.5 | 1.25 | 0.79 | 1 | 21% | 是 |
| 特性 6 | 0.25 | 0.5 | 0.46 | 0.5 | 8% | 是 |
| 特性 7 | 1.5 | 2.5 | 2.00 | 3 | 33% | 否 |
| 特性 8 | 1 | 1.5 | 1.25 | 1.5 | 17% | 是 |
| 特性 9 | 0.5 | 1 | 0.75 | 1 | 25% | 是 |
| 特性 10 | 1.25 | 2 | 1.54 | 2 | 23% | 是 |
| 总计 | 10.50 | 18.25 | 13.625 | 16.25 | | 80%是 |
| 平均 | | | | | 29% | |

在这个表中，MRE 是为每个特性的估算单独计算的。底部一行是用所有 MRE 做的平均，整个特性集的估算平均偏差幅度为 29%。可以使用这个平均 MRE 来测量你的估算的准确性。随着估算的改善，你应该会看到 MRE 下降。最右边的一列显示实际情况落入最佳/最差情况范围之内的统计。你还应该看到，随着时间的推移估算会改善，那么落在范围内的实际结果的百分比应该会增加。

**#46　将实际绩效与估算绩效进行比较，这样，随着时间的推移，你就可以改善自己的个人估算能力。**

将实际表现与估算进行比较时，应该试着理解之前在估算的过程中什么是正确的，什么是错误的，什么是被忽略掉的，如何避免在未来犯这些错误。

另一个建立反馈循环并促进估算趋于准确的实践是公开的评审估算。我曾与一些公司合作，他们让开发人员在周一上午的站会上报告实际结果与估算结果的比较。这样的做法在组织内深化强调了准确估算对组织的重要性。

不管怎么做，关键的原则是建立一个基于实际结果的反馈循环，这样你的估算能力会随着时间的推移而取得进步。为了保证效率，应该尽可能及时地做出反馈，延迟会降低反馈回路的有效性（Jørgensen 2002）。

# 更多资源

Jørgensen, M. "A Review of Studies on Expert Estimation of Software Development Effort." 2002. 此论文对专家估算方法的研究进行了综述。作者从常见的研究思路中得出了许多结论，并提出了 12 个实现准确专家估算的技巧。

Humphrey, Watts S. *A Discipline for Software Engineering*. Reading, MA: Addison-Wesley, 1995. 作者提出一种详细的方法，通过这种方法开发人员可以收集个人生产力数据，将计划结果与实际结果进行比较，并随着时间的推移进行改进。

Stutzke, Richard D. *Estimating Software-Intensive Systems*. Upper Saddle River, NJ: Addison-Wesley 出版，2005. 本书的第 5 章讨论基于判断的估算技术，并提供了本章中描述的一些数学背景知识。

# 第 10 章

# 分解与重组

**本章技术的适用性**

| | 按特性或任务分解 | 按工作分解结构（WBS）分解 | 用标准偏差计算最佳和最差情况 |
|---|---|---|---|
| 估算对象 | 规模，工作量，特性 | 工作量 | 工作量，时间 |
| 项目规模 | 小 中 大 | - 中 大 | 小 中 大 |
| 开发阶段 | 早期-后期（小型项目）；中期-后期（中型和大型项目） | 早期-中期 | 早期-后期（小型项目）；中期-后期（中型和大型项目） |
| 串行或迭代开发风格 | 均可 | 均可 | 均可 |
| 可能达到的准确性 | 中-高 | 中 | 中 |

分解是将估算分割为多个部分，先分别估算每个部分，然后将单个估算重新组合为一个集合估算的实践。这种估算方法也被称为"自底向上""微观估算""模块构建""依据工程过程"以及许多其他名称（Tockey 2005）。

分解如同估算实践的基石，有着相当重要的作用，要注意避开一些陷阱。本章详细讨论分解和重组估算的基本实践，并解释如何避开这些实践相关的陷阱。

## 10.1 准确计算总体期望情况

**场景**：*每周的团队会议……*

**你**：我们需要为一个新项目做个估算。我想强调准确估算对团队的重要性，所以我要用比萨午餐来当赌注，赌我可以为这个项目做出一个比你们更准确的估算。如果你们赢了，我来买比萨。如果我赢了，你们来买。来吗？

团队：好呀！好呀！

你：好吧，我们开始吧。

你查找过去一个相似项目的信息，发现那个项目需要 18 名员工。你估算这个项目比上一个项目规模大 20%左右，因此你创建一个估算为总共 22 个人周。

与此同时，团队已经创建了一个更详细的、针对每个特性的估算。他们的估算结果如表 10-1 所示。

表 10-1　分解估算的例子

| 特性 | 估算完成的工作量（人周） |
| --- | --- |
| 特性 1 | 1.5 |
| 特性 2 | 4 |
| 特性 3 | 3 |
| 特性 4 | 1 |
| 特性 5 | 4 |
| 特性 6 | 6 |
| 特性 7 | 2 |
| 特性 8 | 1 |
| 特性 9 | 3 |
| 特性 10 | 1.5 |
| 总计 | 27 |

你：27 周？哇，我认为你们的估算值很高，但我想之后我们会弄明白的。

几周后……

现在项目已经完成了，我们知道总共花了 29 人周。看起来你们估算的 27 人周比实际乐观了 2 人周，这相当于 7%的误差。我估算的 22 人周则比实际少了 7 人周，偏差约为 24%。看来你们赢了，所以，我来买比萨。

顺便问一下，我想知道你们当中谁做估算很厉害，让我出钱买了比萨。让我们看看具体哪些估算最准确。

然后，你花几分钟计算了每个估算的相对误差大小，把结果写在白板上。表 10-2 显示了结果。

表 10-2　分解估算与实际结果相比较的例子

| 特性 | 估算完成的工作量 （人周） | 实际工作量 | 原始误差 | 相对误差率 MRE |
|---|---|---|---|---|
| 特性 1 | 1.5 | 3.0 | -1.5 | 50% |
| 特性 2 | 4.5 | 2.5 | 2.0 | 80% |
| 特性 3 | 3 | 1.5 | 1.5 | 100% |
| 特性 4 | 1 | 2.5 | -1.5 | 60% |
| 特性 5 | 4 | 4.5 | -0.5 | 11% |
| 特性 6 | 6 | 4.5 | 1.5 | 33% |
| 特性 7 | 2 | 3.0 | -1.0 | 33% |
| 特性 8 | 1 | 1.5 | -0.5 | 33% |
| 特性 9 | 3 | 2.5 | 0.5 | 20% |
| 特性 10 | 1.5 | 3.5 | -2.0 | 57% |
| 总计 | 27 | 29 | -2 | - |
| 平均 | - | - | -7% | 46% |

团队：哇，太有趣了。我们绝大多数人的个人估算还没有你的估算准确。我们的估算误差都在 30%～50% 甚至更多。我们的平均误差率是 46%，远高于你个人估算的误差。但我们的总体误差仍然只有 7%，而你的误差是 24%。

但玩笑最终还是落在你身上了。即使我们的估算比你的差，你还是得给我们买比萨！

不管怎样，团队一起做的估算确实比你个人的估算更准确，尽管他们每个人的特性级别估算结果更差。这怎么可能呢？

## 大数定律

其实，这个团队的估算得益于一种叫作"大数定律"的统计学性质。这个定律的要点是，如果是个人做出一个大的整体估算，这个单个估算的误差要么完全偏高或完全偏低。但是，如果把这个整体进行分解，创建几个较小的估算，一些个体估算错误是偏高的，一些则是偏低的。这些误差会在某种程度上相互抵消。前面例子中的团队在某些情况下低估了，在某些情况下高估了，因此抵消后总体估算中的错误偏差仅为 7%。而你的整体性估算中 24% 的错误都偏向同一侧。

这种方法不仅在理论上讲得通，研究表明，它在实践中也是生效的。有研究发现，合计的任务持续时间与成本和进度超量呈负相关的关系（Lederer and Prasad 1992）。

**#47**　把大的估算分解成小的部分，这样就可以利用大数定律：偏高和偏低的误差在某种程度上相互抵消。

## 分解估算的碎片应该有多小？

从图 10-1 所示的角度来看，软件开发就是一个不断做出大量小型决策的过程。在项目开始时，你可能会做出这样的决定："这个软件应该包含哪些主要领域？"包含或排除一个区域的简单决定可以让整个项目工作量和计划明显地偏向一个或另一个方向。当到了顶级需求阶段，你会做出大量关于哪些特性应该放入或退出项目的决策，但是平均而言这些决策对整个项目结果的影响小于之前有关领域的决策。当到了详细需求阶段，通常会做出数百个决策，有些具有较大的影响，有些具有较小的影响，但是平均而言，这些决策的影响远远小于在项目早期所做的决策。

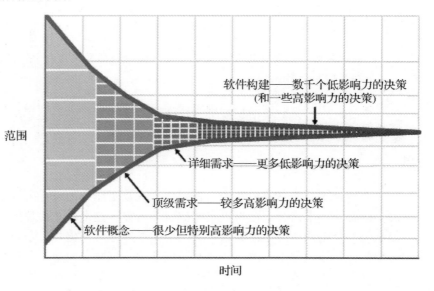

图 10-1　软件项目倾向于从开始聚焦于大粒度到后期聚焦于细粒度决策。这种项目的发展规律促进了分解估算的大量使用

当你已经着手软件构建时，所做的决策的粒度通常已经很小了："我应该如何设计这个类的接口？""我应该如何命名这个变量？我应该如何构造这个循环语句？"等等。这些决策仍然重要，但是与最初软件概念阶段的大型决策相比，此时任何一个决策的效果都趋向于局部化。

软件开发是一个持续细化的过程，这其中的含义是，随着对项目的深入，分解估算的粒度就可以越来越细。在项目的早期，可以基于特性领域做出自底向上的估算。稍后，可以基于据市场需求进行估算。之后，可以基于详细的需求或工程需求来估算。在项目的最后阶段，可以基于开发人员和测试人员的任务来估算。

对分解的数目的限制，经验值比理论值更有用。在项目的早期，要获得足够详细的信息来创建分解估算并不容易。而在项目的后期，可能又有太多的细节来做分解。一般而言，需要至少分解 5 到 10 项才能受益于大数定律，但即使是只分解成 5 项，也胜过完全不分解。

## 10.2　基于活动的项目工作分解结构进行分解

看不见的工作有时候隐藏在遗漏的特性中，有时候隐藏在遗漏的任务中。通过基于活动的工作分解结构（WBS）分解项目可以帮助避免遗漏任务。如果正在思索当前估算的项目是比以前类似的项目大还是小，基于 WBS 做分解更有助于做出更细微的观察和比较。在每个 WBS 类别中，将新项目与旧项目进行比较可以让你更清晰地评估哪些部分更大，哪些部分更小。

表 10-3 显示了中小型软件项目一个通用的基于活动的 WBS 例子。左列列出诸如规划、需求、编码等活动的类别。其他列列出每个类别中的工作类别，如创建、计划和评审等。

表 10-3　中小型软件项目的通用工作分解结构

| 类别 | 创建/执行 | 计划 | 管理 | 评审 | 重做 | 报告缺陷 |
|---|---|---|---|---|---|---|
| 综合管理 | • | • | • | • | | |
| 项目规划 | • | | • | • | • | |
| 公司活动（会议、休假、节假日等） | • | | | | | |
| 硬件安装/软件安装/维护 | • | • | • | • | | • |
| 人员准备 | • | • | • | • | | |

续表

| 类别 | 创建/执行 | 计划 | 管理 | 评审 | 重做 | 报告缺陷 |
|---|---|---|---|---|---|---|
| 技术流程/实践 | • | • | • | • | • | • |
| 需求工作 | • | • | • | • | | • |
| 和其他项目协作 | • | • | • | • | | • |
| 变更管理 | • | • | • | • | • | • |
| 用户界面原型设计 | • | • | • | • | • | • |
| 架构工作 | • | • | • | • | • | • |
| 详细设计 | • | • | • | • | | • |
| 编码 | • | • | • | • | | • |
| 组件收购 | • | • | • | • | • | • |
| 自动化构建 | • | • | • | • | • | • |
| 系统集成 | • | • | • | • | | • |
| 手动系统测试 | • | • | • | • | | • |
| 自动化系统测试 | • | • | • | • | | • |
| 软件版本发布（临时版本、alpha 版本、beta 版本和最终版本） | • | • | • | • | | • |
| 文档（用户文档、技术文档） | • | • | • | • | | • |

要使用这个通用的 WBS，需要将列描述与工作类别结合起来，例如，项目规划的创建/执行、项目规划的管理、项目规划的评审、需求工作的创建/执行、需求工作的管理、需求工作的评审、编码的创建/执行、编码管理、编码评审，等等。表中的点表示最常见的组合。

此 WBS 为创建估算时可能要考虑到的活动类别提供了一个内容广泛的列表。但你的组织中的软件开发方法可能还有一些其他具体活动，你可以扩展这个工作分解结构列表的条目。还可以决定为项目从这张 WBS 中删掉一些类别，只要清楚删掉的是什么东西，就没有问题。

    #48    使用通用的软件项目工作分解结构（WBS）来避免遗漏常见的活动。

## 10.3    直接合计最佳情况和最差情况估算的危害

你有过以下经历吗？合并了一个详细的任务列表，你仔细地挨个估算清单上的每一项任务，心想："如果我们足够努力，就能圆满完成这些任务。"在完成缜密的计划后，你开始为第一项任务努力并按时完成任务。第二个任务在过程中出现了一些意想不到的问题，你加班熬夜终于还是按时完成了。第三项任务又出现了更多问题，忙到一天结束时还是未能完成该任务，你想着第二天早上就能把它尽快收尾。但直到第二天结束时，你才刚刚完成第三项任务，还没有开始你当天应该做的任务。到周末的时候，落后于原计划工作的进度已经多于一个任务了。

这是怎么回事？是你的估算错了，还是你的绩效不太好？

## 警告：前方数学！

这个问题的答案在于，合计多个个体估算时会产生一些统计上的微妙效果。统计的微妙之处？是的，无论是好是坏，这是一个我们必须深入一些去研究数学的地方，以便于理解如何才能避免落入分解估算（无论是基于任务或特性）的常见陷阱。

## 到底是哪里出了错？

为了弄明白在前面的场景中发生了什么，让我们倒回本章的开头再看一看那个分解估算的案例。研究案例中小组得出了一个准确的估算。但他们的单点估算的准确性并不能代表常见情况。通过分解生成估算的尝试通常不会生成表 10-1 中所列的估算结果；它更有可能产生如表 10-4 所示的估算结果。

表 10-4　通过分解进行估算的典型易犯错误示例

| 特性 | 估算完成的工作量（人周） | 实际工作量 |
| --- | --- | --- |
| 特性 1 | 1.6 | 3.0 |
| 特性 2 | 1.8 | 2.5 |
| 特性 3 | 2.0 | 1.5 |
| 特性 4 | 0.8 | 2.5 |
| 特性 5 | 3.8 | 4.5 |
| 特性 6 | 3.8 | 4.5 |
| 特性 7 | 2.2 | 3.0 |
| 特性 8 | 0.8 | 1.5 |
| 特性 9 | 1.6 | 2.5 |
| 特性 10 | 1.6 | 3.5 |
| 总计 | 20.0 | 29.0 |

在这个例子中，通过简单累加分解开的单点估算得到 20 个人周，这个估算的准确性实际上比之前案例研究中你提供的整体性估算 22 个人周还更糟糕。怎么会

这样呢？

第 1 章讨论过"90%信心"问题，第 4 章讨论过乐观问题，二者结合起来就是这个问题的根本原因。当开发人员被要求提供单点估算时，他们常常无意识地提供了最佳情况估算。假设每个最佳情况估算的可能性是 25%，也就是说你只有 25%的机会做得和这个估算一样好或者更好。以最佳情况估算的水平交付任何单个任务的几率已经不算大，只有四分之一（25%）。所有任务都以最佳情况估算的水平交付的可能性就更是微乎其微了。为了按时交付第一个任务和第二个任务，第一个任务和第二个任务的概率必须分别为 1/4 和 1/4。统计上，这些概率相乘，所以按时完成两项任务的概率只有 1/16。要按时完成全部 10 项任务，就是 1/4 的 10 次方，这样得到概率只有 100 万分之一，或者精确点说，只有 0.000095%。在单独的任务级别上，1/4 的概率看起来还不是那么糟糕，还有望实现，但是直接合计的结果背后的概率会直接扼杀软件计划。直接合计一组最差情况估算，其统计数据有类似的工作原理。

第 9 章讨论过创建最佳情况、最差情况、最可能情况和期望情况估算，创建这些估算的另一个原因就是由于以上这些统计异常现象。表 10-5 展示了如果在表 10-4 中做出估算的开发人员被要求给出最佳情况、最差情况和最有可能情况估算以及这些估算中计算出来的期望情况估算。

表 10-5    使用最佳情况、期望情况和最差情况估算进行分解估算的示例

| 完成的周数 | | | | |
| --- | --- | --- | --- | --- |
| 特性 | 最佳情况（25%可能性） | 最可能情况 | 最差情况（75%可能性） | 期望情况（50%） |
| 特性 1 | 1.6 | 2.0 | 3.0 | 2.10 |
| 特性 2 | 1.8 | 2.5 | 4.0 | 2.63 |
| 特性 3 | 2.0 | 3.0 | 4.2 | 3.03 |
| 特性 4 | 0.8 | 1.2 | 1.6 | 1.20 |
| 特性 5 | 3.8 | 4.5 | 5.2 | 4.50 |
| 特性 6 | 3.8 | 5.0 | 6.0 | 4.97 |
| 特性 7 | 2.2 | 2.4 | 3.4 | 2.53 |
| 特性 8 | 0.8 | 1.2 | 2.2 | 1.30 |
| 特性 9 | 1.6 | 2.5 | 3.0 | 2.43 |
| 特性 10 | 1.6 | 4.0 | 6.0 | 3.93 |
| 总计 | 20.0 | 28.3 | 38.6 | 28.62 |

如通常情况一样,表 10-4 中开发人员的单点估算实际上是他们的最佳情况估算。

## 10.4　创建有意义的总体最佳和最差情况估算

如果不能使用最佳情况和最差情况直接求和来生成总体最佳情况和最差情况的估算,应该怎么办?统计学中一个常见的近似算法是假设最小值和最大值之间范围的 1/6 近似等于一个标准偏差。这个近似是基于假设最小值的概率仅为 0.135%,和假设所有可能取值在最大值范围之内的概率为 99.86%。

### 计算少量任务的最佳和最差情况（简单的标准偏差公式）

对于少量任务(大约 10 个或更少),可以根据简单的标准偏差公式计算得出最佳和最差情况。首先,将最佳情况和最差情况相加。然后用这个公式计算标准偏差:

标准偏差 ＝ （最差情况估算之和 - 最佳情况估算之和）/ 6

如果取表 10-5 中 38.6 和 20.0 之间的差的 1/6,即该项目结果分布的 1 个标准偏差。1/6 的差值是 3.1。然后可以使用一个标准偏差表来计算百分比可能性。在商业环境中,这通常称为“置信百分比”。表 10-6 给出了标准偏差。

表 10-6　基于标准偏差的置信百分比

| 置信百分比 | 计算出的估算值 |
| --- | --- |
| 2% | 期望情况 －（2 × 标准偏差） |
| 10% | 期望情况 －（1.28 × 标准偏差） |
| 16% | 期望情况 －（1 × 标准偏差） |
| 20% | 期望情况 －（0.84 × 标准偏差） |
| 25% | 期望情况 －（0.67 × 标准偏差） |
| 30% | 期望情况 －（0.52 × 标准偏差） |
| 40% | 期望情况 －（0.25 × 标准偏差） |
| 50% | 期望情况 |
| 60% | 期望情况 ＋（0.25 × 标准偏差） |
| 70% | 期望情况 ＋（0.52 × 标准偏差） |
| 75% | 期望情况 ＋（0.67 × 标准偏差） |
| 80% | 期望情况 ＋（0.84 × 标准偏差） |
| 84% | 期望情况 ＋（1 × 标准偏差） |
| 90% | 期望情况 ＋（1.28 × 标准偏差） |
| 98% | 期望情况 ＋（2 × 标准偏差） |

使用这种方法，统计意义上 75%可能的估算是期望情况（29 周）加上 0.67 × 标准偏差，即 29 + （0.67 × 3.1），即 31 周。

为什么我说 31 周而不是 31.1 周？ 因为无用数据入，无用数据出的原则适用于此处。因为任务估算的基本精度不应该超过 2 位有效数字，更不用说 3 位了，所以对结果要谦虚一点。在这个例子中，在汇报时展示 31 周的估算可能都夸大了结果的准确性，30 周这个数字可能是更有意义。

**#49**    使用简单的标准偏差公式为 10 个或更少任务计算有意义的总体最佳和最差情况估算。

## 计算大量任务的最佳和最差情况（复杂标准偏差公式）

如果超过 10 个任务，上一节中的标准偏差公式是无效的，必须使用更复杂的方法。一种估算科学的方法首先是将标准偏差公式应用于每一个单独的估算（Stutzke 2005）：

个体标准偏差 ＝ （个体最差情况估算之和 – 个体最佳情况估算之和）/ 6

用这个公式计算表 10-7 中的标准偏差列。然后通过一些相当复杂的数学方法计算总体估算的标准偏差。

表 10-7　复杂标准偏差计算示例

| 完成的周数 | | | | |
| --- | --- | --- | --- | --- |
| 特性 | 最佳情况 | 最差情况 | 标准偏差 | 方差（标准方差） |
| 特性 1 | 1.6 | 3.0 | 0.233 | 0.054 |
| 特性 2 | 1.8 | 4.0 | 0.367 | 0.134 |
| 特性 3 | 2.0 | 4.2 | 0.367 | 0.134 |
| 特性 4 | 0.8 | 1.6 | 0.133 | 0.018 |
| 特性 5 | 3.8 | 5.2 | 0.233 | 0.054 |
| 特性 6 | 3.8 | 6.0 | 0.367 | 0.134 |
| 特性 7 | 2.2 | 3.4 | 0.200 | 0.040 |
| 特性 8 | 0.8 | 2.2 | 0.233 | 0.054 |
| 特性 9 | 1.6 | 3.0 | 0.233 | 0.054 |
| 特性 10 | 1.6 | 6.0 | 0.733 | 0.538 |
| 总计 | 20.0 | 38.6 | - | 1.22 |
| 标准偏差 | - | - | - | 1.1 |

- 使用前面的公式 5 计算每个任务或特性的个体标准偏差。
- 计算每个任务个体标准偏差的平方，即方差，显示在表 10-7 最右边一列中。
- 合计所有方差。
- 取方差总和的平方根作为总体标准偏差。

表中，方差之和是 1.22，其平方根是 1.1，这是总体估算的标准方差。

 #50　当有大约 10 个或更多的任务时,使用复杂的标准偏差公式来计算有意义的总体最佳和最差情况估算。

如果你还记得前一种方法产生的标准偏差是 3.1，现在这种方法从相同的数据中产生的答案是居然 1.10，这是相当大的差异！怎么会这样呢？

这 就 是 准 确 性 和 精 确 性 之 间 的 差 别 。 使 用 公 式 （WorstCaseEstimate － BestCaseEstimate）/6 的问题在于，从统计学上而言，假设了最佳情况到最差情况之间有 6 个标准偏差。如果这是成立的，最佳和最差情况之间的范围会覆盖 99.7%可能的所有取值结果。换句话说，在 1000 个估算中，只允许有 3 个实际结果超出他们的估算范围！

当然，这是一个荒谬的假设。在这个案例中，10 个结果就中有 2 个超出了原来的估算范围。正如第 1 章所阐述的，大多数人对 90%信心的感觉实际上更接近 30%信心。通过练习，人们有可能估算出一个范围覆盖 70%所有取值结果，但是让估算人员直接估算出 99.7%置信区间的机会相当渺茫。

计算最佳和最差情况的标准偏差的一种实际方法是，将每个范围除以一个更接近 2 而不是 6 的倍数。统计上，除以 2 意味着估算的范围会覆盖 68%的实际结果，这是一个通过人为练习可能达到的目标。

表 10-8 根据实际结果可能落入估算范围内的百分比列出了应该除以的倍数。

表 10-8　用于复杂标准偏差计算的除数

| 如果落入估算范围内的实际结果百分比是…… | 在计算个体估算标准偏差时，用这个数字作为除数 |
| --- | --- |
| 10% | 0.25 |
| 20% | 0.51 |
| 30% | 0.77 |
| 40% | 1.0 |

表 10-8   用于复杂标准偏差计算的除数

| 如果落入估算范围内的实际结果百分比是…… | 在计算个体估算标准偏差时，用这个数字作为除数 |
|---|---|
| 50% | 1.4 |
| 60% | 1.7 |
| 70% | 2.1 |
| 80% | 2.6 |
| 90% | 3.3 |
| 99.7% | 6.0 |

然后，可以把这个表中适当的除数代入复杂的标准偏差公式：

个体标准偏差 ＝（个体最差情况估算之和 - 个体最差情况估算之和）/ 表 10-8
里的除数

 #51   不要将最佳情况和最差情况之间的范围除以 6 来得出单个任务估算的标准偏差。
根据估算范围的准确度选择除数。

## 创建最佳和最差情况估算的正确汇总

在前面的案例研究中，团队 10 次实际结果在其最佳和最差情况之间的范围内出
现了 8 次。表 10-8 表明覆盖实际结果 80%的团队应该使用 2.6 的除数。表 10-9
显示了将范围从除以 6 调整为 2.6 重新计算标准偏差、方差和总体标准偏差的
结果。

表 10-9   使用不是 6 的除数计算标准偏差的例子

| 完成的周数 | | | | |
|---|---|---|---|---|
| 特性 | 最佳情况 | 最差情况 | 标准偏差 | 方差（标准方差） |
| 特性 1 | 1.6 | 3.0 | 0.538 | 0.290 |
| 特性 2 | 1.8 | 4.0 | 0.846 | 0.716 |
| 特性 3 | 2.0 | 4.2 | 0.846 | 0.716 |
| 特性 4 | 0.8 | 1.6 | 0.308 | 0.095 |
| 特性 5 | 3.8 | 5.2 | 0.538 | 0.290 |
| 特性 6 | 3.8 | 6.0 | 0.846 | 0.716 |
| 特性 7 | 2.2 | 3.4 | 0.462 | 0.213 |
| 特性 8 | 0.8 | 2.2 | 0.538 | 0.290 |

续表

**完成的周数**

| 特性 | 最佳情况 | 最差情况 | 标准偏差 | 方差（标准方差） |
|---|---|---|---|---|
| 特性 9 | 1.6 | 3.0 | 0.538 | 0.290 |
| 特性 10 | 1.6 | 6.0 | 1.692 | 2.864 |
| 总计 | 20.0 | 38.6 | - | 6.48 |
| 标准偏差 | - | - | - | 2.55 |

这种方法为总体估算产生一个为 2.55 周的标准偏差。为了计算置信百分比估算，你将使用表 10-5 中得到的 28.6 周的期望情况估算和表 10-6 中的基于置信百分比的计算公式。这将产生一组带有置信百分比的估算，如表 10-10 所示。

表 10-10　根据标准偏差算出的置信百分比估算值

| 置信百分比 | 估算工作量 |
|---|---|
| 2% | 23.5 |
| 10% | 25.4 |
| 16% | 26.1 |
| 20% | 26.5 |
| 25% | 26.9 |
| 30% | 27.3 |
| 40% | 28.0 |
| 50% | 28.6 |
| 60% | 29.3 |
| 70% | 30.0 |
| 75% | 30.3 |
| 80% | 30.8 |
| 84% | 31.2 |
| 90% | 31.8 |
| 98% | 33.7 |

根据估算的目标受众，你可能需要在展示这些估算数据之前对该表中的条目进行大量编辑。然而，在某些情况下，有必要指出的是，尽管之前通过直接合计最佳情况估算得出了 20 个人周的结果，但是从上表可以得知，实际结果只有 2% 的可能性低于 23.5 人周，只有 25% 的可能低于 26.9 人周。

一如既往，应该在展示估算结果前考虑其精确度，我通常会在展示中用 24 人周这样的数值而不是 23.5 人周，用 27 人周而不是 26.9 人周。

## 关于置信百分比估算的注意事项

我刚才描述的基于置信百分比估算方法经常容易落入的一个陷阱是，因为置信百分比所对应的范围计算都基于期望情况估算作为基准，期望情况估算必须是准确的，也就是说，它们需要有 50%的可能性。也即是说，实际结果小于这个期望情况估算值和实际结果大于这个期望情况估算值的可能性均等。如果在实际情况中发现超过期望情况估算值的次数比低于它的次数要多，那么它们不太可能是 50%可能性，这种情形下你不应该把它当作期望情况。如果期望情况不准确，那么多个个体期望情况的总和也一定不准确。

第 9 章提供了使个人估算更加准确的建议。

#52  要特别注意准确估算期望的情况。如果多个个体估算是准确的，总体估算不会产生问题。如果单个估算不准确，在找到使其准确的方法之前，总体估算必然有问题。

# 更多资源

Humphrey, Watts S. *A Discipline for Software Engineering*. Reading, MA: Addison-Wesley, 1995. 这本书的附录 A 包含一个简单易懂的统计技术摘要，这些技术对软件估算是有用的。

Stutzke, Richard D. *Estimating Software-Intensive Systems*. Upper Saddle River, NJ: Addison-Wesley, 2005. 这本书的第 5 章比本章更详细地介绍了一些统计数据。第 20 章描述如何创建 WBS。

Gonick, Larry and Woollcott Smith. *The Cartoon Guide to Statistics*. New York, NY: Harper Collins, 1993. 尽管标题看上去有点傻，但这是一本值得尊敬（且有趣）的统计学技术书。许多读者会觉得大量的插图有助于他们学习统计概念。但一些读者可能会发现，对图片而非文本的关注使得概念更难理解。

Larsen, Richard J. and Morris L. Marx. *An Introduction to Mathematical Statistics and Its Applications, Third Edition*. Upper Saddle River, NJ: Prentice Hall，2001. 这本书相当适合阅读，介绍了传统的数理统计入门。至少当你考虑这个主题的时候，它是一本很容易懂的书。这是一个不可避免的事实，如果想使用统计技术，迟早都得和数学打交道！

第 11 章

# 类比估算

## 本章技术的适用性

| | 类比估算 |
|---|---|
| 估算对象 | 规模，工作量，时间，特性 |
| 项目规模 | 小 中 大 |
| 开发阶段 | 早期-后期 |
| 串行或迭代开发风格 | 均可 |
| 可能达到的准确性 | 中 |

## 场景

Gigacorp（一个虚构的公司）即将开始开发 Triad 1.0 软件，这是它之前已经大获成功的 AccSellerator 1.0 销售演示软件的配套产品。迈克被任命为 Triad 1.0 的项目经理，他需要对即将召开的销售计划会议进行大致的估算。他召开了员工会议。

"大家都知道，我们正要着手开发 Triad 1.0，"他说。"这个软件的技术工作与 AccSellerator 1.0 非常相似。我认为这个项目总体上比 AccSellerator 1.0 要大一些，但不会大很多。"

"数据库将会变大很多，"詹妮弗主动提出她的个人意见。"但用户界面的规模应该差不多。"

"与 AccSellerator 1.0 相比，这款软件会有更多的图表和报告，但是基础类应该非常类似，我想我们最终得到的类数量应该相同。"乔说。

"对我来说，这一切听起来都很正确，"迈克说，"我认为这给了我足够信息去做一个粗略的项目工作量计算。我的记录显示上一个系统

的总工作量为 30 个人月。你们认为新系统工作量的合理估算应该是
多少？"

亲爱的读者，你认为新系统工作量的合理估算应该是多少？

# 11.1    类比估算的基本方法

迈克在这个例子中使用的基本方法是类比估算，这是一种简单的方法，通过将
新项目与过去类似的项目进行比较，就可以为新项目创建准确的估算。

我让数百名估算人员为 Triad 项目创建了估算。使用故事中对话包含的信息，他
们的估算数为 30 至 144 个人月，平均值为 53 个人月。他们估算的标准偏差是
24，这个值已经是平均值的 46%了。这样的结果不是很好！流程上增加的一些
结构化会有很大的帮助。

下面是一个通过类比法进行的基本估算，它将产生更好的结果。

- 获得一个类似的旧项目详细的规模、工作量和成本结果数据。如果可
  能，获取更多按特性区域、按工作分解结构（WBS）类别或其他分解
  方案分解的信息。
- 逐个分解，比较新项目和旧项目的规模。
- 将新项目的规模估算算成旧项目规模的百分比。
- 根据新项目和旧项目的规模估一个工作量。
- 检查新旧项目之间的假设是否一致。

**#53**    通过与过去类似的项目进行比较来估算新的项目，最好将估算分解为五个部分
以上。

让我们继续使用 Triad 案例研究来检查这些步骤。

## 步骤 1：获得一个类似的旧项目详细的规模、工作量和成本结果数据

在第一次会议之后，迈克要求 Triad 的工作人员收集关于旧系统的规模和新旧系
统中功能相对数量等等更具体的信息。当他们的收集工作完成时，迈克问他们
干得怎么样。他问："你拿到我上周大概描述的那个项目的数据了吗？"

"当然，迈克。"詹妮弗回答说。AccSellerator 1.0 分为 5 个子系统，如下表所示。

| | |
|---|---|
| 数据库 | 5 000 LOC |
| 用户接口 | 14 000 LOC |
| 图标和报告 | 9 000 LOC |
| 基础类 | 4 500 LOC |
| 业务规则 | 11 000 LOC |
| 总计 | 43 500 LOC |

我们还得到了关于每个子系统中元素数量的一些大体信息。下表所示为我们的发现。

| | |
|---|---|
| 数据库 | 10 个表 |
| 用户界面 | 14 个网页 |
| 图表和报告 | 10 个图表 + 8 个报告 |
| 基础类 | 15 个类 |
| 业务规则 | ？？？ |

我们已经做了相当多的工作来确定新系统的范围，如下表所示。

| | |
|---|---|
| 数据库 | 14 张表 |
| 用户界面 | 19 个网页 |
| 图表和报告 | 14 张图表 + 16 张报告 |
| 基础类 | 15 个类 |
| 业务规则 | ？？？ |

"与旧系统的大多数子项比较还是很简单明了的，但是业务规则部分有点困难，"詹妮弗说，"我们认为新系统将比旧系统更复杂，但不确定如何用数字来表示它。经过讨论，我们的感觉是它至少比旧系统复杂 50%。"

"你们的工作真是太棒了，"迈克说，"这样我就可以做销售会议估算了。今天下午我要计算一些数字，在开会前给你们过一遍。"

## 步骤 2：比较新项目和旧项目的规模

为了用类比方法创建一个有意义的估算，Triad 的细节信息给了我们所需要的东西。Triad 团队已经执行了第 1 步"获得一个类似的旧项目详细的规模、工作量和成本结果数据。"现在我们可以执行步骤 2"逐个分解，比较新项目和旧项目的规模。"表 11-1 显示了详细的比较。把数字抄写在第二列和第三列是比较容易的。比较棘手的部分是如何处理列 4 中的乘法因子项。这里的主要原则是 "计数，计算，判断"。如果能找到一些有价值的东西来计数，就胜于加入我们人人的主观判断。

表 11-1    AccSellerator 1.0 与 Triad 1.0 的详细规模对比

| 子系统 | AccSellerator 1.0 实际规模 | Triad 1.0 估算规模 | 倍增系数 |
|---|---|---|---|
| 数据库 | 10 个表 | 14 个表 | 1.4 |
| 用户接口 | 14 页 Web 页面 | 19 个页面 | 1.4 |
| 图表和报告 | 10 个图表 ＋8 个报告 | 14 个图表 ＋16 个报告 | 1.7 |
| 基础类 | 15 个类 | 15 个类 | 1.0 |
| 业务规则 | ？？？ | ？？？ | 1.5 |

数据库 1.4 倍、用户界面 1.4 倍和基础类 1.0 倍的倍增系数确定起来很简单。

对于图表和报告来说，1.7 的因数有点棘手。图表和报告应该权重一样吗？ 也许吧。图表可能比报表需要更多的工作，也可能是反过来的情况。如果能够访问 AccSellerator 1.0 的代码库，我们就可以检查图形和报告的工作量是否应该有一样的权重，或者其中一个是否应该比另一个权重更大。在这个案例中，假设它们的权重相等。注意，这里应该把这个假设记录下来，以便在以后需要的时候追溯这些步骤。

业务规则条目也存在疑问。这个研究案例中，这个团队并没有发现任何可以用以计数的东西，所以我们的估算在这个领域较之其他领域更不可靠。为了这个示例能继续下去，我们将接受他们的说法，即 Triad 的业务规则将比 AccSellerator 中的业务规则复杂 50%左右。

## 步骤 3：将新项目的规模估算算成旧项目规模的百分比

在步骤 3 中，我们将不同领域（子系统）的规模度量转换为公共度量单元，在本例中，即是代码行。这将允许我们在 AccSellerator 和 Triad 之间实现整个系统的规模比较。表 11-2 显示了如何完成这一步骤的工作。

AccSellerator 的代码规模是从步骤 1 中获得的信息中抄过来的。倍增系数是从步骤 2 中得到的。Triad 的估算代码规模可以简单地用 AccSellerator 的代码规模乘以倍增系数而得到。用代码行表示的总规模将成为我们工作量估算的基础，而工作量估算又将成为进度和成本估算的基础。

表 11-2　基于与 AccSellerator 1.0 的比较，计算 Triad 1.0 的规模

| 子系统 | AccSellerator 1.0 代码规模 | 倍增系数 | Triad 1.0 代码规模估算 |
|---|---|---|---|
| 数据库 | 5 000 | 1.4 | 7 000 |
| 用户接口 | 14 000 | 1.4 | 19 600 |
| 图表和报告 | 9 000 | 1.7 | 15 300 |
| 基础类 | 4 500 | 1.0 | 4 500 |
| 业务规则 | 11 000 | 1.5 | 16 500 |
| 总计 | 43 500 | - | 62 900 |

## 步骤 4：根据新项目和旧项目的规模创建一个工作量估算。

现在我们有了足够的背景信息来计算工作量估算，如表 11-3 所示。

表 11-3　Triad 1.0 的工作量最终计算结果

| 条目 | 值 |
|---|---|
| Triad 1.0 估算规模 | 62 900 LOC |
| AccSellerator 1.0 实际规模 | ÷ 43 500 LOC |
| 规模倍数 | = 1.45 |
| AccSellerator 1.0 实际工作量 | × 30 人月 |
| Triad 1.0 估算工作量 | = 44 人月 |

Triad 的规模除以 AccSellerator 的规模得到两个系统的规模之比，然后将其乘以 AccSellerator 的实际工作量，这就得到了 Triad 的估算工作量 44 个人月。

计算得到的估算和在会议上展示的估算是两回事。在这个计算中，你得到了一个单点估算。当在会议上展示估算时，你很可能决定将其作为一个范围来呈现，如第 22 章中所讨论的那样。

我让最初做过笼统估算的那数百名估算人员以这种方法为 Triad 再做一次估算，这回他们的估算结果比最初那次更加准确和收敛。即使考虑到围绕着图表、报告和业务规则的不确定性因素，这回估算结果的标准偏差也只有 7%，而不是最初的 46%。

## 步骤 5：检查新旧项目之间的假设是否一致

其实，应该在执行每一个步骤时都检查假设。但有些假设在计算出估算值之前

是无法完全验证的。请注意寻找以下所列不一致的主要来源。

- 新旧项目之间的规模差异很大，超过 5.1 节中描述的 3 倍。在这个研究案例中，规模虽然是不同的，但只是相差 1.45 倍，这个倍数还不足以引起对规模不经济效应的担忧。
- 不同的技术（例如，一个项目使用 C#，另一个项目使用 Java）。
- 团队成员构成显著不同（对于小团队）或团队能力显著差异（对于大团队）。微小的差异是可以接受的，而且基本上是无法避免的。
- 非常不同的软件类型。例如，一个内部内联网系统的旧系统和一个关系生命安全的嵌入式系统的全新系统是不可比较的。

## 11.2  关于 Triad 估算中不确定性的评论

用于做业务规则估算的信息非常模糊。我们是否应该为了保守起见而在估算中向上捏造业务规则数值？出于估算的目的，答案是否定的。估算的焦点应该是准确性，而不是保守性。一旦估算的焦点移离准确性，偏见就会从四面八方的来源潜入，导致估算的价值降低。对不确定性的最佳估算措施不是使估算产生偏差，而是确保当前估算准确表达任何潜在的不确定性。如果对业务规则数值有完全的信心，可以考虑工作量估算的准确度达到上下浮动 10%。考虑到业务规则中的不确定性，你可能会将不确定性修改为诸如上浮 25% 和下调 10% 之类的数值。

解决由业务规则引起的不确定性的更好措施是在计算中为业务规则因子带上一个范围，而不是使用单个数值。可以用 50% 的变化范围（换句话说，范围是 0.75 到 2.25 倍）来估算该倍增系数，而不是用 1.5 的单点数值。这将产生一个 38 到 49 个人月的工作量范围，而不是单点估算的 44 个人月。

使用此方法创建的估算与使用整体（未分解）估算方法创建的估算之间的一个对比是，在笼统方法中，一个区域中的不确定性会扩展到其他区域。如果业务规则中有 50% 的不确定性，则估算人员可能将该不确定性应用于整个估算，而不是仅限制于与业务规则相关的的四分之一部分估算（按代码规模计算，业务规则部分约为新项目 1/4）。如果将同样 50% 的可变性应用于整个估算，估算将变为 22 个月到 66 个月的范围，而不是从 38 个月到 49 个月的范围。识别具体什么是不确定的，以及它对估算应该有多大的影响，有助于缩小总体估算的可变范围。

**#54**  不要通过加入偏见估算来解决估算中的不确定性。在估算中通过用代表不确定性的术语表达来解决不确定性。

## 估算的不确定性、计划和承诺

最终，估算中不确定性因素的影响将流入项目的计划和承诺之中。因为计划和承诺聚焦于最大化项目绩效，而不是准确性，所以基于在估算中蕴含的不确定性程度，朝保守的方向调整项目承诺是一种可取的做法。

# 第 12 章

# 基于代理的估算

| | 模糊逻辑 | 标准组件 | 故事点 | T 恤尺码 |
|---|---|---|---|---|
| 估算对象 | 规模，特性 | 规模，工作量 | 规模，工作量，时间，特性 | 工作量，成本，时间，特性 |
| 项目规模 | - 中 大 | 小 中 大 | 小 中 大 | - 中 大 |
| 开发阶段 | 早期 | 早期-中期 | 早期-中期 | 早期 |
| 串行或迭代开发风格 | 串行 | 均可 | 均可 | 串行 |
| 可能达到的准确性 | 中 | 中 | 中-高 | 无 |

大多数估算人员都做不到查看特性描述后准确报出估算"该特性需要 253 行代码。"类似地，很难直接估算项目将需要多少测试用例，会出现多少缺陷，将生成多少类，等等。

一系列基于代理的估算技术有助于克服这些挑战。在基于代理的估算中，首先要确定一个与你真正想要估算的内容相关的代理项，它比你最终感兴趣的量化指标更容易估算或计数（或在项目更早的时候就可用）。如果想估算一些测试用例，你可能发现通过计数得到的需求数量与测试用例的数量是相关的。如果想估算以代码行（LOC）表示的代码规模，你可能发现通过计数得到按大小分类后的特性数量与代码规模的代码行数也是相关的。

一旦找到代理，可以估算或计数得到代理项的数量，然后使用基于历史数据的计算将代理数量转换为你真正想要的估算对象数量。

本章讨论最有用的基于代理的技术。这些技术的共同要点是在整体意义上（比在局部）更能发挥作用。因此，这些技术对于创建整个项目或整个迭代的估算以及提供整个项目或整个迭代的全局观是有用的，但是对于创建逐个任务的详细估算或逐个特性的估算则不一定特别有用。

## 12.1    模糊逻辑

可以使用一种称为"模糊逻辑"的方法以代码行为单位来估算项目的规模（Putnam and Myers 1992，Humphrey 1995）。估算人员的能力通常足够将特性分类为非常小、小、中等、大、非常大这 5 个等级。然后，可以使用历史数据来计算代码的总行数，这些数据包括非常小的特性平均需要多少行代码，小的特性平均需要多少行代码，等等。表 12-1 显示了如何创建这样的估算。

表 12-1    用模糊逻辑估算一个软件程序的规模

| 特性规模 | 每个特性平均代码行 | 特性数量 | 估算代码行 |
|---|---|---|---|
| 非常小 | 127 | 22 | 2 794 |
| 小 | 253 | 15 | 3 795 |
| 中等 | 500 | 10 | 5 000 |
| 大 | 1 014 | 30 | 30 420 |
| 非常大 | 1 998 | 27 | 53 946 |
| 总计 | - | 104 | 95 955 |

表中"每个特性平均代码行"列中的条目应该基于的组织的历史数据，并且在估算开始之前已经是固定的。特性数量列将所有特性的计数通过分类记录到每个规模类别中。估算代码列是从其他两列计算出来的。如图所示，该估算值有 5 位有效数字，这远远超出了其计算过程中基础数值的准确性。如果我向人展示这个估算，我会将它表示为"96 000 行代码"，甚至"100 000 行代码"（也就是，一位或两位有效数字），以免用太高的精确度传递出错误的准确性。

### 如何得到平均规模的数值

当根据组织的历史数据校准规模时，模糊逻辑是最有效的方法。根据经验一般来说，相邻类别之间的规模差异至少应该差 2 倍。一些专家建议将差异倍数定为 4（Putnam and Meyers 1992）。

应该通过将一个或多个旧系统的已完成工作进行分类来创建初始的平均规模值。遍历旧系统，将其中每个特性分为非常小、小、中等、大、非常大。然后计算每个分类中特征的总代码行数，再除以特征个数，从而得到每个特征分类的平均代码行数。表 12-2 显示了一个示例，说明了具体如何实现的。

表 12-2　创建平均代码行数（LOC）的示例

| 规模 | 特性数量 | 总 LOC 计数 | 平均 LOC |
| --- | --- | --- | --- |
| 非常小 | 117 | 14 859 | 127 |
| 小 | 71 | 17 963 | 253 |
| 中等 | 56 | 28 000 | 500 |
| 大 | 169 | 171 366 | 1 014 |
| 非常大 | 119 | 237 762 | 1 998 |

这个表中的数字纯粹是为了说明问题。应该用自己组织的历史数据来计算自己的数字。

 #55　运用模糊逻辑来估算用代码行表示的程序规模。

## 如何对新功能进行分类

在把新功能分到规模类别时，重要的是，在估算过程中关于非常小、小、中等、大、非常大的特性组成的假设与最初创建平均规模时的假设是一致的。可以用三种方法中的任何一种来完成分类。

- 让要做当前估算的人计算原始的平均规模数值。
- 训练估算人员，使他们能够准确地对特性进行分类。
- 用文档记录非常小、小、中等、大、非常大的具体标准，以便估算人员在应用规模类别时保持一致性。

## 模糊逻辑何时失效

关于统计，一个有趣的方面是，统计意义上的整体比组成整体的任何单个数据点都更具有效性。正如在第 10 章中所讨论的，大数定律使合计的估算值比单个估算值的准确度更高。在这个意义上，整体确实大于部分之和。

当使用模糊逻辑时，一定要记住这个现象，即合计的汇总数值具有其组成部分数值所没有的有效性。模糊逻辑之所以有效，是因为我们可以安全地假设，如果 71 个小特性在过去的项目中平均需要 253 行代码，那么在未来项目里的 15 个小特性可能每个也需要大约 253 行代码。然而，平均 253 行代码并不意味着任何具体的特性实际上都恰好由不多不少 253 行代码组成。单个小特性的规模从 50 行代码到 1 000 行代码不等。因此，尽管模糊逻辑产生的合计估值可能非常准确，但是你绝不应该过度扩展该计数来估算特定特性的个体规模。

同样，当你有大约 20 个或更多的特性时，模糊逻辑方法能工作得很好。如果没有至少 20 个特性需要估算，那么这种方法的统计信息将无法正常工作，应该另外找方法。

### 模糊逻辑的扩展

如果有相关基础数据支持，还可以用模糊逻辑来估算工作量。表 12-3 显示了如何用该方法来估算工作量。

表 12-3    用模糊逻辑估算工作量的例子

| 规模 | 每个特性平均工作量（人日） | 特性数量 | 估算工作量（人日） |
|---|---|---|---|
| 非常小 | 4.2 | 22 | 92.4 |
| 小 | 8.4 | 15 | 126 |
| 中等 | 17 | 10 | 170 |
| 大 | 34 | 30 | 1 020 |
| 非常大 | 67 | 27 | 1 809 |
| 总计 | - | 104 | 3 217 |

请注意表中显示的数字纯粹是为了作为示例说明问题，你需要从组织的历史数据中获得每个特性的平均工作量（人日）。

再次，3217 个人日的最终估算数值过于精确。可以将其简化为 3200 个人日，或 3000 个人日或 13 个人年（假设每一年为 250 个人日）。你还可以始终考虑将估算数值表示为一个范围，例如 10 到 15 个人年，这将传递和 3217 个人日的结果完全不同的准确性。

## 12.2    标准组件

如果开发了许多架构上相似的软件程序，就可以用标准组件方法来估算规模。首先，需要在旧系统中找到要计数的相关元素。具体情况将根据你所做的工作类型而有所不同。典型的系统可能包括动态 Web 页面、静态 Web 页面、文件、数据库表、业务规则、图形、屏幕、对话框和报告等。确定标准组件之后，计算过去系统中每个组件的平均代码行数。表 12-4 显示了标准组件的历史数据示例。

表 12-4　每个标准组件（代码行）的历史数据示例

| 标准组件 | 每个组件的代码行（LOC） |
|---|---|
| 动态 Web 页面 | 487 |
| 静态 Web 页面 | 58 |
| 数据库表 | 2 437 |
| 报告 | 288 |
| 业务规则 | 8 327 |

一旦获取了历史数据，就可以估算新程序中标准组件的数量，并根据旧程序的规模计算新程序的规模。表 12-5 给出了一个示例。

表 12-5　使用标准组件创建规模估算的示例

| 标准组件 | 每个组件的代码行（LOC） | 最小可能数量 | 最可能数量 | 最大可能数量 | 估算数量 | 估算代码行（LOC） |
|---|---|---|---|---|---|---|
| 动态 Web 页面 | 487 | 11 | 25 | 50 | 26.8 | 13 052 |
| 静态 Web 页面 | 58 | 20 | 35 | 40 | 33.3 | 1 931 |
| 数据库表 | 2 437 | 12 | 15 | 20 | 15.3 | 37 286 |
| 报告 | 288 | 8 | 12 | 20 | 12.7 | 3 658 |
| 业务规则 | 8 327 | - | 1 | - | 1 | 8 327 |
| 总计 | - | - | - | - | - | 64 254 |

在这个表中，你可以在第 3 列到第 5 列中输入估算计数。在第 3 列中，输入可以想象到的新项目拥有组件的最小数量。对于本例中的动态 Web 页面标准组件，这个数值是 11。在下一列中，输入你认为最可能的数字，动态 Web 页面的数值为 25。然后，在第五列中，输入可以想象到的最大组件数，在本例中是 50。然后，使用第 9 章"个体专家判断"中讨论的程序估算和评审技术（PERT）公式计算第 6 列中的估算数。这是用来估算组件数量的公式：

估算的组件数量 = [最小可能数量 +（4 × 最可能数量）+ 最大可能数量]/6

在本例中，动态 Web 页面的估算数量为[11 +（4 × 25）+ 50]/6 = 26.8。[1]

同样，此表中的数字仅用于说明，应该从自己的历史数据中获得自己的数值。

---

[1]　有时人们会感到迷惑："应该除以 6 还是别的数。"第 10 章讨论过不除以 6 的其他除数应用于标准偏差的计算。这个公式计算的是期望值，而不是标准偏差，所以不要除以 6 的警告在这里并不适用。

## 使用百分位数的标准组件

这种方法的一个变体是基于百分位数的使用，而不是基于估算的组件数量。在这种方法中，再次需要有足够的历史项目来计算有意义的百分比（换而言之，至少得有 10 个历史项目，理想情况下，最好接近 20 个）。如果真有那么多历史数据，就可以不再是单纯估算一个数字，而足以估算每个组件在规模上与你认定的组件平均值有多大的不同。表 12-6 提供了一个可以构造的参考表的示例。

表 12-6　标准组件参考表的示例

| 组件的代码行　（百分位数） | | | | |
|---|---|---|---|---|
| 标准组件 | 非常小（第 10 百分位数） | 小（第 25 百分位数） | 平均（第 50 百分位数） | 大（第 75 百分位数） | 非常大（第 90 百分位数） |
| 动态 Web 页面 | 5 105 | 6 037 | 12 123 | 24 030 | 35 702 |
| 静态 Web 页面 | 1 511 | 1 751 | 2 111 | 2 723 | 3 487 |
| 数据库表 | 22 498 | 30 020 | 40 027 | 45 776 | 47 002 |
| 报告 | 1 518 | 2 518 | 3 530 | 5 833 | 5 533 |
| 业务规则 | 7 007 | 7 534 | 8 509 | 10 663 | 12 111 |

该表中的条目给出了在组织已经完成的其他项目中标准组件的规模。根据这个表，10%的组织的项目有 5105 行或更少行代码的动态 Web 页面组件，50%的项目有 2111 行或更少行代码的静态 Web 页面组件，75%的项目有 10 663 行或更少行代码的业务规则组件，等等。

一旦有了这样一个参考表，就可以基于每个标准组件区域中的规模对新项目的组件进行分类，并查找表 12-6 中为每个组件估算的代码行。表 12-7 显示了一个示例。

表 12-7　使用标准组件创建规模估算的示例

| 标准组件 | 规模分类 | 估算代码行　（平均值来源于表 12-6） |
|---|---|---|
| 动态 Web 页面 | 平均 | 12 123 |
| 静态 Web 页面 | 大 | 2 723 |
| 数据库表 | 小 | 30 020 |
| 报告 | 非常小 | 1 518 |
| 业务规则 | 平均 | 8 509 |
| 总计 | - | 54 893 |

该表中的条目意味着，与组织中已经完成的其他项目相比，你认为当前所估算的项目具有平均规模的动态 Web 页面组件，大于平均规模的静态 Web 页面组件，小于平均规模的数据库表组件，等等。

这种方法的软件规模估算为 54 893 行代码。老生常谈了，在公开展示该数值时，将其简化为 55 000 或 60 000 LOC（即 1 或 2 位有效数字）会变得更准确。

## 标准组件的局限性

标准组件方法的优点是，除了使用直觉来估算新系统中标准组件的规模并在参考表中查找相应的条目外，几乎不需要做什么其他工作。但构建和维护类似于表 12-4 或表 12-6 的参考表确实需要花一些功夫。

标准构件的实践并不是基于计数的，所以这个方法其实有违 "计数，计算，判断" 这个一般的原则。然而，它又确实把估算与一些熟悉的东西绑在一起，因此它有时是有用的。

总的来说，虽然标准组件在项目后期可能并不是最佳使用技术，但是它可以很有效地以最小化的工作量在项目早期创建估算。尽管能达到早期估算的目标，此时的估算准确性无论如何都会承受不准确性锥形的高度影响。

 #56　在项目的早期阶段，考虑使用标准组件作为一种工作量不大的技术来估算项目规模。

## 12.3　故事点

模糊逻辑的另一个变体方法是故事点，它最初与极限编程相关（Cohn 2006）。这种技术与模糊逻辑很相似，但是有一些有趣且非常有用的变化使得故事点值得本书单独拿出来进行讨论。

当使用故事点时，团队检查其正在考虑构建的故事（或者是需求和特性）列表，并为每个故事分配一个点数来表示规模大小。从这个意义上说，故事点类似于模糊逻辑，只是故事通常从表 12-8 所示的一个取值尺度中指定一个数值作为点数。

表 12-8　最常见的故事点取值尺度

| 故事点尺度 | 尺度中的具体点数 |
| --- | --- |
| 2 的幂次方 | 1，2，4，8，16 |
| 斐波拉契数列 | 1，2，3，5，8，13 |

这个估算活动的结果是创建一个列表，如表 12-9 所示。

表 12-9　故事及其分配的点数示例

| 故事 | 点数 |
| --- | --- |
| 故事 1 | 2 |
| 故事 2 | 1 |
| 故事 3 | 4 |
| 故事 4 | 8 |
| … | |
| 故事 60 | 2 |
| 总计 | 180 |

使用此方法到达这个阶段，故事点方法的效果还不是非常明显，因为故事点是一个没有单位的度量——它们不转化为任何具体的代码行数、人天数或日历时间。故事点背后的关键思想是，团队在同一时间，使用相同的规模尺度，以一种基本上不受偏见影响的方式估算了所有的故事。

接下来，团队将为一个迭代做出计划，其中包括计划交付一些故事点。计划可能基于一个假设，即一个故事点能转化为一个具体的工作量，但这只是项目早期阶段的一个假设。

在这个迭代完成之后，团队就能够有一些真正的估算能力。团队可以查看这个迭代中自己交付了多少故事点，花费了多少工作量，以及经过了多少日历时间，然后团队可以对故事点如何转换为工作量和日历时间进行初始校准。计算得到的平均值通常被称为速度。表 12-10 显示了一个示例。

这个初始校准允许项目经理对项目其余部分进行基于历史数据的估算，如表 12-11 所示。

表 12-10　迭代 1 的数据和初始校准

| 迭代 1 的数据 |
| --- |
| 交付了 27 个故事点 |
| 花费了 12 个人周 |
| 经过了 3 个日历周 |
| 初始校准 |
| 工作量 = 27 故事点/12 人周 = 2.25 故事点/人周 |
| 时间 = 27 故事点/3 日历周 = 9 故事点/日历周 |

表 12-11　项目剩余部分的初始估算

| 迭代 1 的数据 |
| --- |
| 假设（基于初始校准） |
| 平均工作量 = 2.25 故事点/人周 |
| 平均时间 = 9 故事点/日历周 |
| 项目规模 = 180 故事点 |
| 整个项目的初始估算 |
| 工作量 = 180 故事点/2.25 故事点/人周 = 80 人周 |
| 时间 = 180 故事点/9 故事点/日历周 = 20 日历周 |

当然，表 12-11 中的计算假设了在未来的迭代中团队构成一直保持不变，并且没有考虑节假日、休假等等的计划。但是在迭代项目中，基于项目自身历史数据，故事点方法提供了非常早期的对整个项目的结果预测。

其中整个项目的初始估算应该基于后续迭代的数据做进一步改善。迭代的时间越短，就可以越早地获得可用于估算项目剩余部分的历史数据，并且人们对这些估算的准确性信心就越高。

#57　在迭代项目中基于项目自身数据，使用故事点方法来获得项目工作量和时间的早期估算。

## 点数尺度的注意事项

模糊逻辑使用非常小、小、中等、大和非常大的语义性尺度。故事点使用基于 2 的幂次方或斐波那契数的数理性尺度。孰优孰劣？

在数理性尺度上，尺度上的数字之间的数值比例表明所度量的多个量化指标之间也存在比例关系。如果你的故事点数尺度是斐波那契数列，1 2 3 5 8 13 的比例就表征了一个 5 点的故事所花费的工作量是一个 3 点故事的 5/3 倍。同理可知，一个 13 点的故事所花费的工作量是一个 3 点故事的 4 倍多。

这些比例关系是一把双刃剑。如果真的采取了必要的措施来确保被分类为 13 点的故事所付出的工作量是分类为 3 点的故事的 4 倍多，那就一切顺利。这意味着可以计算每个故事点的平均工作量（如前面所述），再将项目中故事点的总数乘以平均工作量，并得到有意义的估算结果（如前所述）。

但是，要达到这种级别的准确度，需要在给故事赋予故事点数时进行严格的训练。还需要回顾检查实际的项目数据，以确保所估算的比例和实际执行结果中的比例相符。

如果没有在使用此方法时花心思确保斐波那契数列或 2 的幂次方所隐含的数字比例是准确的，那么数字表示的故事点可能会导致计算结果的有效性低于所显示的结果。数理性尺度的使用意味着你可以对点数执行数学运算：乘法、加法、减法等等。但是，如果最基础的数字比例关系无效——也就是说，一个 13 点的故事的工作量不等同于一个 3 点的故事的工作量的 13/3 倍——那么，在 13 上执行数学运算的有效性并不优于在"大"或"非常大"这样的语义性尺度上执行数学运算。

表 12-12 说明了描述这个问题的另一种方法。

表 12-12　数理性尺度不像它显示的那样有严格数值比例关系的情况

| 故事点分类 | 故事数目 | 表面上的故事总点数 | 期望的数值比例 | 实际的数值比例（来源于项目数据） | 实际上故事总点数 |
|---|---|---|---|---|---|
| "1" | 4 | "4" | 1 | 2 | 4 |
| "2" | 7 | "14" | 2 | 2.5 | 18 |
| "3" | 5 | "15" | 3 | 3 | 15 |
| "5" | 5 | "25" | 5 | 7 | 35 |
| "8" | 12 | "96" | 8 | 11 | 132 |
| "13" | 2 | "26" | 13 | 17 | 34 |
| 总计 | 43 | "180" | - | - | 238 |

在这个例子中，数值比例的误导让我们相信 180 点就是我们全部工作量的合理近似值，但是真正的工作量大约要高出 30%。

**#58**　在计算使用数理性尺度的估算时要谨慎。请确保尺度中的数值化类别实际上按数值比例工作，而是不像"小中大"这样的语义类类别一样有模糊的尺度比例。

## 12.4　T 恤尺码

非技术的项目干系人通常希望（也需要）在不确定性锥性较宽的部分就对项目范围做出一些决策。在项目还处于不确定性锥体的较宽部分时，一个好的估算人员会拒绝提供高度精确的估算结果。销售和市场人员往往会说："如果不知道成本，我怎么知道自己是否需要这个功能？"一个好的估算人员会说："在我们完成更详细的需求工作之前，我不能告诉你它的成本是多少。"于是，双方似乎此时已陷入僵局。

软件估算的目标并不是细致入微的准确性，而是能够以足够准确的估算来支持有效的项目控制，如果能认识到这一点，就可以打破上述的僵局。在上述情况下，非技术的项目干系人通常不会要求估算到人时的精确度。其实，他们在问一个具体的特性的规模用打比方的说法来讲是老鼠、兔子、狗还是大象级别。这一观察结果引出了一种非常有用的估算方法"T 恤尺码"。

在这种方法中，开发人员将每个特性相对于其他特性的规模划分为小号、中号、大号或特大号。同时，客户、市场、销售或其他非技术的项目干系人用相同的尺度对每个特性的商业价值进行分类。然后把这两组分类结果条目放在一起，如表 12-13 所示。

表 12-13　使用 T 恤尺码基于商业价值和开发成本对特性进行分类的示例

| 特性 | 商业价值 | 开发成本 |
| --- | --- | --- |
| 特性 A | 大号 | 小号 |
| 特性 B | 小号 | 大号 |
| 特性 C | 大号 | 大号 |
| 特性 D | 中号 | 中号 |
| 特性 E | 中号 | 大号 |
| 特性 F | 大号 | 中号 |
| 特性 G | 小号 | 小号 |
| 特性 H | 小号 | 中号 |
| … | | |
| 特性 ZZ | 小号 | 小号 |

在商业价值和开发成本之间创建这种关系就允许非技术的项目干系人发表这样的意见："如果特性 B 需要花费的成本很大，我就不想要它了，因为它的价值很小。"在该特性的生命周期早期就能够得到这个决策是非常有用的。如果没有这样的早期决策，你会一路带着这个特性去做详细的需求、架构、设计等等，这样会浪费多少精力在一个开发成本最终被认为不合理的特性上。在软件中，快速地回答一个"不"通常是很有价值的。T 恤尺码这种方法允许在项目的早期决策中排除一些特性，这样就不需要将这些特性继续带入不确定性锥形。

如果特性列表可以按照成本/收益的大致顺序进行排序，那么讨论保留哪些特性和去除哪些特性就变得更加容易了。一个典型的操作是，基于开发成本和业务价值的组合，给每个特性赋予一个净商业价值数值（又是一个没有单元的度量）。表 12-14 显示了一种净商业价值的可能方案。你可以直接使用这个方案，也可以提出一个更能准确地反映你所在环境的方案。

表 12-14    基于开发成本与商业价值得到的净商业价值

| 开发成本 | | | | |
| 商业价值 | 特大号 | 大号 | 中号 | 小号 |
| --- | --- | --- | --- | --- |
| 特大号 | 0 | 4 | 6 | 7 |
| 大号 | -4 | 0 | 2 | 3 |
| 中号 | -6 | -2 | 0 | 1 |
| 小号 | -7 | -3 | -1 | 0 |

这种净商业价值查阅表允许你给原来的价值/成本表（表 12-13）添上第三列，并按净商业价值对该表进行排序，如表 12-15 所示。

表 12-15    基于近似的净商业价值为 T 恤尺码估算进行排序的示例

| 特性 | 商业价值 | 开发成本 | 近似商业价值 |
| --- | --- | --- | --- |
| 特性 A | 大 | 小 | 3 |
| 特性 F | 大 | 中 | 2 |
| 特性 C | 大 | 大 | 0 |
| 特性 D | 中 | 中 | 0 |
| 特性 G | 小 | 小 | 0 |
| 特性 ZZ | 小 | 小 | 0 |
| 特性 H | 小 | 中 | -1 |
| 特性 E | 中 | 大 | -2 |
| ... | | | |
| 特性 B | S 小 | L 大 | -3 |

请记住，近似的净业务价值列是一个近似值。我不建议只是数一数特性有多少个，然后画一条线，线以上的特性保留，线以下的排除。按近似业务价值排序的价值在于，它支持为列表顶部的特性快速获得一些"绝对是"的答案，并为列表底部的特性快速获得一些"绝对不是"的决定。这使得可以将讨论重心放在列表的中间部分，这部分的讨论才是最有效最有意义的。

（术）　**#59**　当项目处于不确定性锥形较宽的部分时，使用 T 恤尺码来帮助非技术型项目干系人确定特性的进或出。

## 12.5　基于代理的技术的其他使用

本章中的示例展示了如何使用基于代理的技术来估算代码行和工作量。还可以应用相同的技术来估算测试用例、缺陷、用户文档页面，或者其他任何较之直接估算可能更容易通过代理项进行估算的对象。

（术）　**#60**　使用基于代理的技术来估算测试用例、缺陷、用户文档页面以及其他难以直接估算的量化指标。

正如第 7 章所描述的，可以用以计数的东西几乎没有任何限制。本章只给出了几个具体的例子。如果你认为在你所处的环境中有比模糊逻辑、标准组件或故事点更能指示项目规模的其他东西，那么你就应该用它来计数。

（术）　**#61**　使用你所在环境中最容易计数和能提供最准确数据的东西来计数，收集关于该数据的校准数据，然后使用该数据创建非常适用于你所在环境的估算。

## 12.6　更多资源

Cohn, Mike. *Agile Estimating and Planning*. Upper Saddle River, NJ: Prentice Hall Professional Technical Reference, 2006. 中文版《敏捷估算和规划》包含对故事点更广泛的讨论，包括规划考虑以及估算技术。

Humphrey, Watts S. *A Discipline for Software Engineering*. Reading, MA: Addison-Wesley, 1995. 中文版《软件工程规范》的第 5 章讨论了基于代理的估算，作者称之为"探针方法"，并详细介绍了一些支持此方法的统计技术。第 5 章还讨论了模糊逻辑。

# 第 13 章

# 群体专家判断

| 本章技术的适用性 | | |
| --- | --- | --- |
| | 团队评审 | 宽带德尔菲 |
| 估算对象 | 规模，工作量，时间，特性 | 规模，工作量，时间，特性 |
| 项目规模 | - 中 大 | - 中 大 |
| 开发阶段 | 早期-中期 | 早期 |
| 串行或迭代开发风格 | 均可 | 串行 |
| 可能达到的准确性 | 中 | 中 |

群体专家判断技术在项目早期估算或估算大型未知对象时非常有用。本章介绍一种非结构化的群体判断技术（团队评审）和一种称为"宽带德尔菲"的结构化技术。

## 13.1 团队评审

要提高个人做出的估算的准确性，一种简单的技术是让团队来评审这些估算。当团队评审估算时，我对人们提出三个简单的规则需求。

- 先让每个团队成员单独估算项目的各个部分，然后再开会比较各人的估算。讨论估算中的差异，以充分理解差异的来源。一直持续讨论到你们为估算范围的高端和低端达成一致意见。
- 不要只是将估算做平均计算就接受为结果。可以计算平均值，但需要讨论个体结果之间的差异。不要只是自动计算得出平均值而没有任何讨论。
- 需要整个团队为估算达成共识。如果陷入僵局，不能用投票的方式。你们必须讨论不同的估算之间的差异，并获得所有成员的认同。

这种简单的技术对估算准确度的提高是显著的。图 13-1 展示了与我共事的一共 24 组估算结果。

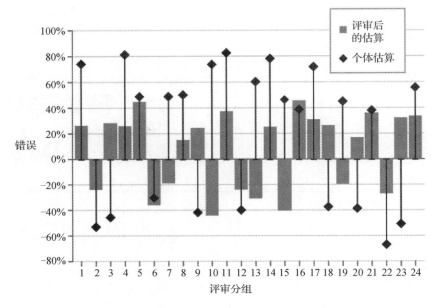

图 13-1    简单评审可以显著提高个体估算的的准确性

图 13-1 中的个体估算平均相对误差为 55%。而团队评审估算的平均误差只有 30%。在同组的估算中，92%的团队估算比个体估算更准确，平均而言，团队评审将误差幅度降低了大约一半。

（术）    **#62**    运用团队评审来提高估算的准确性。

需要聚集多少专家才足够做团队评审？其他领域的研究已经显示，使用 3 到 5 个背景不同的专家似乎已经足够（Libby and Blashfield 1978，Jørgensen 2002）。

此外，如果参与评审的专家彼此背景不同，角色不同，或使用不同的技术，对这个方法而言是非常有益的（Armstrong 2001，Jørgensen 2002）。

## 13.2    宽带德尔菲法技术

宽带德尔菲（Wideband Delphi）是一种结构化的群体估算技术。最初的德尔菲技术是由兰德（Rand）公司在 20 世纪 40 年代后期开发的，主要用于预测技术趋势（Boehm 1981）。德尔菲这个名字来自古希腊的德尔菲神谕。基本的德尔菲技术要求几个专家各自创建独立的估算，然后聚在一起尽可能长时间地开会讨论让估算收敛，或者至少就其中一个估算达成一致。

关于运用德尔菲技术进行软件估算，有一项初步研究发现，基本的德尔菲技术并不比结构化程度较低的团队会议更准确。鲍伊姆（Barry Boehm）及其同事得出结论称，一般性的德尔菲会议受到太多的政治压力影响，而且很容易被小组中独断而自信的估算人员所把持。因此，鲍伊姆和他的同事将基本的德尔菲技术扩展为现在所知的宽带德尔菲技术。表 13-1 描述了宽带德尔菲技术的基本过程。

**表 13-1　宽带德尔菲技术**

1. 德尔菲主持人向每一位参与的估算人员展示规格说明和一个估算表。
2. 让每位估算人员单独做出估算。
3. 主持人召集团队会议，在会议上估算人员讨论与手头项目相关的估算问题。如果团队在没有太多讨论的情况下就对单个估算达成一致，主持人就指派一个人站起来唱反调。
4. 估算人员以匿名的方式将他们的个人估算交给协调员。
5. 主持人在一张迭代表上做出大家估算的总结（如图 13-2 所示），并将该迭代表呈现给所有估算人员，让他们能够看到自己的估算与其他人给出的估算并进行比较。
6. 主持人让估算人员开会讨论他们估算中的差异。
7. 估算人员匿名投票决定是否接受平均估算。如果任何估算人员投了反对票，都将返回到步骤 3。
8. 最后的估算是通过德尔菲技术得到的单点估算。或者，最后的估算是在德尔菲技术讨论中创建的估算范围，并用那个德尔菲单点估算作为期望情况估算。

资料来源：修改自 *Software Engineering Economics*（Boehm 1981）。

步骤 3 到步骤 7 可以当面执行，也可以在团队会议中执行，还可以通过电子邮件或聊天软件执行。以电子方式执行这些步骤更有助于保持匿名性。根据估算的时间紧迫程度和估算人员的出席情况，可以立即执行步骤 3 到步骤 7 的迭代，也可以用批处理模式执行。

图 13-2 所示的估算表可以是纸质表单，也可以由协调员在白板上绘制。图中所示表的人月范围为 0 到 20 个月。在表单上显示的初始范围应该至少是估算人员所能提供的范围的 3 倍，这样一来，估算人员在估算过程中就不会受限于预定义的范围。

主持人应注意避免具有支配型人格的成员主宰团队估算。软件开发人员这个群体历来并不以其独断自信的个性而闻名，而其中性格最保守的人有时会对所估算的工作有最深刻的见解。

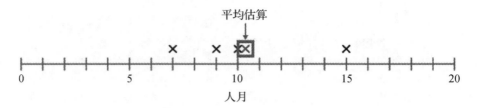

图 13-2　宽带德尔菲估算表

在相同的尺度上展示每一轮的估算也是很有用的，估算人员可以观察他们的估算是如何收敛的（或者在某些情况下，是如何发散的）。图 13-3 给出了一个示例。

在这种情况下，在第 3 轮之后，这个团队可能决定把他们的估算确定为 12 至 14 个人月的范围，而期望估算值为 13 个人月。

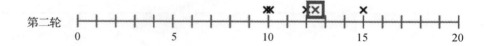

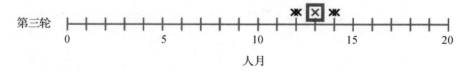

图 13-3　三轮估算后的宽带德尔菲估算表

## 宽带德尔菲的有效性

我收集过运用宽带德尔菲技术解决一个非常棘手的估算问题的数据。对于和我一起工作的前 25 个团队，图 13-4 显示了他们的初始估算值做简单平均并与用宽带德尔菲得到的估算值比较得出的错误率对比。

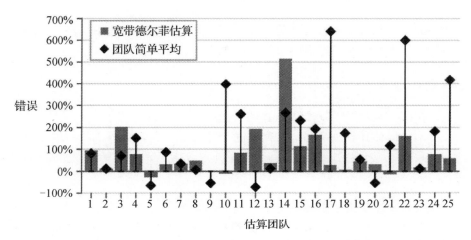

图 13-4　简单平均与宽带德尔菲的估算准确度。在大约 2/3 的团队中，宽带德尔菲降低了估算误差

我个人使用宽带德尔菲的经验表明，与初始团队平均值相比，宽带德尔菲技术平均减少了大约 40% 的估算误差。在参与我研究的 25 个团队中，大约 2/3 的团队通过使用宽带德尔菲得出了比简单地平均他们的个人估算更准确的答案。

在我接触过的 10 个产生最差初始估算值的团队中（如图 13-5 所示），宽带德尔菲在 8/10 的情况下提高了估算值的准确性，平均误差降低了约 60%。

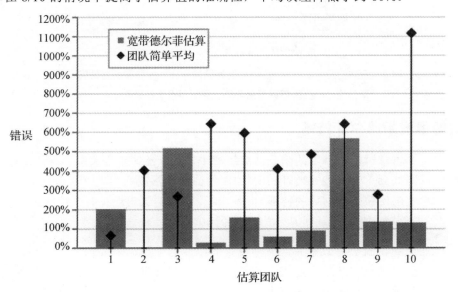

图 13-5　宽带德尔菲应用于糟糕的初始估算时。在这个数据集中，宽宽带德尔菲改善了 8/10 的结果

我从这些数据中得出结论，宽带德尔菲在大多数情况下提高了准确性，它在避免较大幅度的错误方面尤其有用。

## "真相就在那里"

在那些依赖于平均个人估算的技术中所隐含的一层意思是，正确的答案应该位于最低估算和最高估算之间的某个地方。然而，在以上我所展示的宽带德尔菲数据中，20%的团队初始估算范围并不包括正确的答案。这意味着对他们最初的估算做平均不可能产生一个准确的结果。

也许与宽带德尔菲相关的最有趣的现象是，在初始范围不包括正确答案的团队中，仍然有 1/3 的团队最终会得出一个在初始范围之外且更接近正确答案的估算。换句话说，对于这些组，宽带德尔菲估算结果比最佳个人估算还要好。图13-6 展示了这种得出正确估算的动态过程。请注意，没有一个团队得出的最终估算比最差的个人估算更糟糕。

正确答案

在所有被观察的团队中，没有一个团队的宽带德尔菲最终估算移向这个方向（在初始范围之外，且远离正确答案）　　初始个人估算的范围　　在三分之一的团队中，宽带德尔菲最终估算移入这个范围（在初始范围之外，且靠近正确答案）

图 13-6　在大约三分之一的团队中，宽带德尔菲技术帮助最初没有包含正确答案的团队将估算移动到他们的初始估算范围之外，且更接近于正确答案

## 何时使用宽带德尔菲技术

在本章讨论的棘手的团队估算练习中，宽带德尔菲技术将平均估算误差从 290% 降低到 170%。290%和 170%的误差都是非常高的误差，这是在不确定性锥性的宽部所做出的估算的特征。但是，减少 40%的错误还是有价值的，无论是从 290% 减少到 170%，还是从 50%减少到 30%。

尽管我的数据似乎非常鼓励宽带德尔菲的使用，但如何将不同估算人员创建的估算结果有效结合起来，相关的行业研究意见却并不统一。一些研究发现，基于团队合作将个人估算组合的方法效果最好，而另一些研究却发现，简单对所有个人估算做平均效果最好（Jørgensen 2002）。

宽带德尔菲需要召开会议，它会消耗大量的工作量，因此估算活动的成本很高。它不适用于详细的任务级别估算。

对于新业务领域、采用新技术的工作或一种全新的软件类型，用宽带德尔菲技术来估算工作量是非常有效的。在产品定义或软件概念等项目早期阶段，在确定许多需求之前，此时用宽带德尔菲技术来创建"数量级"的估算非常有用。如果项目将大量使用不同的专业技术，例如项目结合了不同寻常的易用性、算法复杂性、异常性能要求和复杂的业务规则等等需求，那么这种技术也很有用。它还有助于细化工作范围的定义，并且对于筛除估算假设非常有用。简而言之，宽带德尔菲技术最适用于估算单个的、特别重要的的对象，项目处于不确定性锥形的宽部时这些对象可能需要来自很多不同专业领域的输入。在这样的不确定情形下，宽带德尔菲的价值可能是无可估量的。

**#60** 使用宽带德尔菲技术进行项目早期估算，用于不熟悉的系统以及当项目本身涉及多个不同专业领域时。

# 更多资源

Boehm, Barry W. *Software Engineering Economics.* Englewood Cliffs, NJ: Prentice-Hall, Inc., 1981. 《软件工程经济》中的 22.2 节描述了原始的德尔菲技术和作者所创建的宽带德尔菲技术。

美国宇航局（NASA），"ISD Wideband Delphi Estimation", Number 580-PROGRAMMER-016-01，2004 年 9 月 1 日，http://software.gsfc.nasa.gov/AssetsApproved/PA1.2.1.2.pdf。本文描述了美国宇航局戈达德太空飞行中心使用的宽带德尔菲技术。

Wiegers, Karl. "Stop Promising Miracles," 《软件开发》杂志，2000 年 2 月。这篇文章描述了宽带德尔菲技术的一个变体。

# 第 14 章

# 软件估算工具

| 本章技术的适用性 | |
|---|---|
| | **软件估算工具的使用** |
| 估算对象 | 规模，工作量，时间，特性 |
| 项目规模 | - 中 大 |
| 开发阶段 | 早期-中期 |
| 串行或迭代开发风格 | 均可 |
| 可能达到的准确性 | 高 |

本书的侧重点是估算的艺术，但有时对估算艺术最好的支持是估算的科学，对于一些需要大量计算的估算方法，你无法轻易用手动计算的方式实现，即便有一个很好的计算器。

## 14.1  手工无法完成只能依赖于工具的事情

软件估算工具允许你执行几种与估算相关的工作，而这些工作是不太容易由手动计算完成的。

**模拟项目结果**  软件估算工具可以执行复杂的统计模拟，这些模拟可以帮助项目干系人理解工作范围。图 14-1 显示了一个模拟软件项目生成结果的例子。

在图中，黑色实线表示项目时间和工作 50/50 可能性的值或中值。两组相交的虚线分别表示第 25 百分位数和第 75 百分位数的结果。

估算软件拟合了几个可变性的来源。

- 生产率的可变性。
- 程序规模的可变性，可能分解成多个模块。
- 人员编制率的变化。

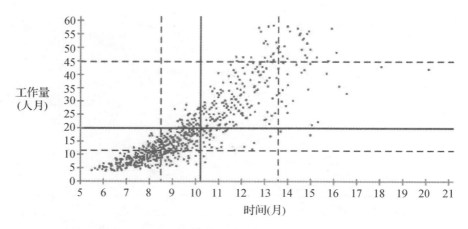

图 14-1    工具生成的 1000 次项目结果的模拟（Construx Estimate 软件输出结果）

对于每次模拟的结果，该软件使用一种称为"蒙特卡罗模拟"的统计技术，先通过 100 点概率分布，模拟生产率、规模和人员编制每个可能的结果。然后软件根据这三个因素计算出散点图中的一个代表项目结果的估算点。要建立整个散点图，软件要做上 1000 次。可见人为什么不想手动做这件事！

不同工具使用不同的方法，一些比 Construx  Estimate 更贵的工具将使用更复杂的技术。

**概率分析**    第 1 章讨论过使用"90%信心"这样的术语会产生误解。当使用判断来做出估算时，这样的表达方式太容易出错。但是，当使用历史数据校准的估算工具生成估算时，数字表示的信心指数会得到更好的数据支持，也会变得更有实际意义。例如，在图 14-1 中，45 个人月的工作量有 75%的可能，因为图中有 75%的模拟项目花费的时间少于 45 个人月。

表 14-1 显示了项目工作量用一个工具计算出概率分析的例子。第三列中提到的"期望值"是指 50%的可能估算 20 个人月。

表 14-1    用估算软件得到项目工作量概率的示例

| 概率 | 工作量少于或等于 | 相对工作量期望值的差异 |
| --- | --- | --- |
| 10% | 7 | -64% |
| 20% | 10 | -50% |
| 30% | 13 | -37% |
| 40% | 16 | -20% |
| 50% | 20 | 0% |

续表

| 概率 | 工作量少于或等于 | 相对工作量期望值的差异 |
|---|---|---|
| 60% | 26 | 30% |
| 70% | 37 | 84% |
| 80% | 58 | 189% |
| 90% | 142 | 611% |

这个表最有趣的地方是从 70%提高到 80%或 80%提高到 90%置信概率时工作量的激增。在基于判断的技术中，罕有估算人员会将他们的期望估算乘以 6 的倍数来计算 90%的置信估算值，但这个夸张的增长正是这个特定的案例中所需要的。这些数字不是通用的，它们是根据输入估算软件的特定假设进行计算的。

图 14-2 显示了表中数据的图形化描述。

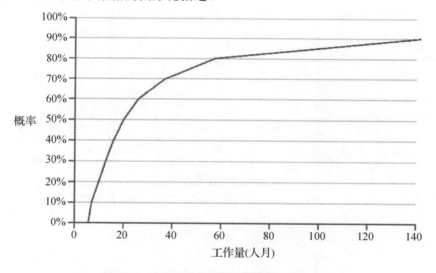

图 14-2　估算软件输出的可能的项目结果示例

**考虑规模不经济效应**　估算工具会自动考虑项目规模的差异以及规模对生产率的影响。

**考虑需求蔓延的情况**　项目进行过程中的需求增长是一个十分常见的问题，所以大多数商业估算软件工具都包含了项目过程中需求蔓延的考虑。

**估算不太常见的软件问题**　估算工具通常支持估算需求文档的规模、设计文档的规模、测试用例的数量、缺陷的数量、平均故障时间以及许多其他量化指标。

**规划选项的计算和与规划工具的集成**　一些软件估算工具将允许跨需求、设计、构建、测试和调试活动分配工作量，并且它们将支持把项目划分为你认为合适的任意多个迭代。这些类型的计算如果手工执行起来会很繁琐，但是使用正确的工具就很容易完成。一些工具还可以很好地与 Microsoft Project 和其他项目规划工具进行集成。

**假设分析**　估算工具允许快速修改估算假设并查看对估算的影响。必要的计算可以在计算机上立即执行，但如果是手工执行，则非常耗时且容易出错。

**对不现实的项目期望进行判断**　假设老板坚持让你在 50 个人月和 11 个日历月内完成一个项目，并且假设你已经创建了如图 14-3 所示的估算。图左下角的粗线框起来的矩形显示了老板在工作和计划方面的约束条件。1000 次模拟项目结果的散点图显示，1000 个项目结果中只有 8 个符合指定的约束条件。这个视觉上令人信服的论据能有力地反对在这些约束下完成这个项目！

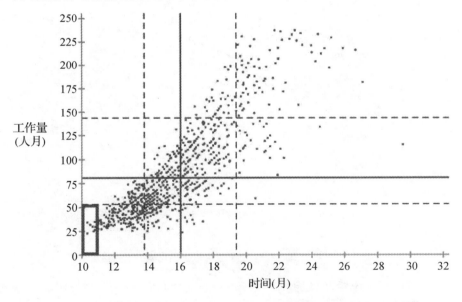

图 14-3　在这个模拟中，1000 个结果中只有 8 个符合期望的成本和进度组合约束

**充当修改估算假设的客观权威**　当项目干系人因为初始估算过高而拒绝采用该估算时，软件估算活动中就会出现一种常见的不健康的动态变化。项目干系人有时会提出一些小的功能削减，然后期望项目的成本和进度得到不成比例的大幅削减。在这个主题上另一种"解决方案"是稍微增大一些团队规模，然后希

望在进度上有一个大的缩减。

估算软件可以作为公正无私的第三方来仲裁这些变化的影响。如果没有这个工具，你就是那个必须对着项目干系人开口的人，干巴巴地解释他或她对特性的削减根本无法让成本和进度的调整达到这种程度的缩减。有了这个工具，你就可以和项目干系人坐在桌子的同一边，让这个工具扮演"唱白脸"的角色，告诉项目干系人他或她的更改并不会像期望的那样大幅减少成本和进度。

图 14-4 显示了一个在项目工作量和计划之间进行权衡的例子，要么选择增加所需的的人员数量来缩短进度，要么选择延长时间来节省工作量。工具显示将员工从 20 个人月增加到 26 个人月就能实现 1 个月的进度缩减，如果你展示出这样的有理有据的数据，而不是简单地断言相同的事实，那么在项目会议上你会更有说服力。

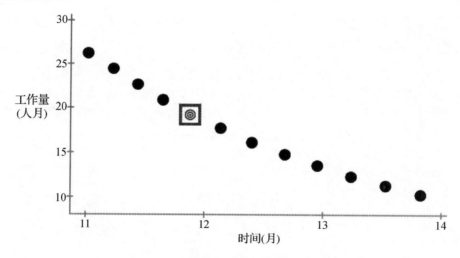

图 14-4　计算缩短或延长时间计划的效果

**对使用估算艺术做出的估算进行健康性检查**　最优秀的估算人员会使用多种估算方法，然后寻找估算值之间的收敛或扩散。使用商业软件工具做出的估算可以成为其中一种估算方式。

**估算大型项目**　被估算的项目规模越大，单纯依赖估算的艺术就越不可靠。大型项目应该依赖商业软件估算工具来提供至少一个估算结果用于创建最终估算，以及与其他方法得出的估算比较。

#64    使用估算软件工具来为手工方法创建的估算做健康性检查。规模较大的项目应该
       更多依赖于商业估算软件工具。

## 14.2    校准这些工具所需要的数据

为了让这些估算工具能使用历史数据，一般并不需要很多数据来校准。如果已经有来自一个或多个已完成项目的数据，包括以下三项：

- 工作量，以人月为单位；
- 时间，以经过的日历月为单位；
- 规模，以代码行为单位。

这几项就可以校准一些模型（包括 Construx Estimate），以便这些模型使用个人的历史数据而不是行业平均数据。即使只有一个项目的历史数据，也聊胜于无。来自三个或更多项目的历史数据就完全足够了。

14.4 节中描述的那些更昂贵的工具，倾向于用它们包含历史项目结果的大型数据库来证明其高昂的价格是合理的。但是，如果有来自组织内部三个项目的历史数据，那么用自己数据创建的估算通常比基于工具的行业通用数据所创建的估算更准确。一些更昂贵的工具确实物有所值，但不是因为它们有大型的历史数据库。

## 14.3    无论用不用工具都应该做的事

来自软件估算工具的估算并不意味着它是准确的。估算的假设可能不正确，或者估算可能使用了不适当的或有缺陷的校准数据进行了校准。或者工具的控制旋钮可能被插入人为偏见。或者该工具的基础估算方法可能存在问题。

#65    不要把软件估算工具的输出结果当作神圣的启示。需要对估算工具的输出结果和
       其他估算一样做健康性检查。

## 14.4    可用工具总结

有许多有效的软件估算工具。价格从免费到每个用户每年 2 万美元甚至更高。下面是一些比较流行的工具。

*Angel, http HYPERLINK "http://dec.bournemouth.ac.uk/ESERG/ANGEL/": HYPERLINK "http://dec.bournemouth.ac.uk/ESERG/ANGEL/"//dec.bournemouth.ac.uk/ESERG/ANGEL/*，这款基于类比技术的软件是一个有趣的工具，它支持通过类比过去的项目来估算未来的项目。

*Construx Estimate, www.construx.com/estimate* 这是一个免费的工具，本书展示的估算工具屏幕截图都来自这个工具。该软件基本的估算方法是基于 Putnam 估算模型（Putnam and Myers 1992）。该工具还包含一些基于 Cocomo II 的功能。我在这个工具的前两个版本中担任首席程序员。

*Cocomo II, http HYPERLINK "http://sunset.usc.edu/research/COCOMOII/": HYPERLINK "http://sunset.usc.edu/research/COCOMOII/"//sunset.usc.edu/research/COCOMOII/* 通过搜索 Cocomo II 可以在网上找到 Cocomo II 的几个实现版本。官方版本可以在上面列出的南加州大学网站上找到，并且是免费的。

*Costar, www.softstarsystems.com* Costar 是 Softstar Systems 公司提供的基于 Cocomo II 模型价格便宜但功能完整的实现。

*KnowledgePLAN，www.spr.com* 这个工具是由 Software Productivity Research 公司（琼斯的公司）开发和销售的，该软件强调与 Microsoft Project 的高度集成。

*Price-S, www.pricesystems.com* 最初由 RCA 开发，现在由一系列估算产品组成。

*SEER, www.galorath.com* 和 Price-S 一样，SEER 由几个相关的产品组成：用于估算、规划和控制的 SEER-SEM，用于深度软件分级的 SEER-SSM，用于简单的软件规模分级的 SEER-AccuScope。

*SLIM-Estimate and Estimate Express, www.qsm.com* 量化软件管理的工具系列：包括功能齐全、性能强大的估算工具 SLIM-Estimate 和功能稍少但性能仍然强大的估算工具 Express。这两种工具都基于 Putnam 估算模型。量化软件管理（QSM）由普特兰（Lawrence Putnam）创立。

# 更多资源

估算工具的更多和更新的链接，请参见我的网站 *www.construx.com/estimate/*。

# 第 15 章

# 多种方法的综合运用

| 本章技术的适用性 | |
|---|---|
| | **多种估算方法的综合运用** |
| 估算对象 | 规模，工作量，时间，特性 |
| 项目规模 | 小 中 大 |
| 开发阶段 | 早期-后期 |
| 串行或迭代开发风格 | 均可 |
| 可能达到的准确性 | 高 |

没有一种单一的估算技术是完美无瑕的，因此综合运用多种方法在许多情况下都是有用的。最复杂成熟的商业软件生产商倾向于使用至少三种不同的估算方法，然后在他们的估算中寻找收敛或发散。估算值之间的收敛告诉你，你可能有一个很好的估算值。而发散的不同估算值则告诉你，你可能忽略了一些因素，需要更深入地去理解这些影响因素。这种同时使用多种方法的技术同等地适用于规模、工作量、进度和特性的估算。

我第一次接触到这个想法是为我的《代码大全》第 1 版做估算时。我花了大约 2 年时间为这本书做背景研究、写样张以及做这本书的其他相关准备。在这两年的时间里，我一直认为我会写一本 250 到 300 页的书。这个想法不是来自于任何分析过程，它只是我脑子里莫名冒出的一个长度值。

因为此前我没有出版过书，我想我应该向出版商展示一个提案，这个提案让我看起来有能力完成这本书。因此，当我的提案接近完成时，我通过分解技术做出了第一个估算。我过了一遍我为这本书计划的详细大纲，并分别估算了每个章节的长度。表 15-1 显示了具体估算细节。

表 15-1　运用分解和专家判断技术做出《代码大全》的估算（页数）

| 章 | 估算 1：最初关于整本书的"直觉"估算 | 估算 2：运用分解和专家判断技术 |
|---|---|---|
| 引言 | - | 4 |
| 致辞 | - | 5 |
| 隐喻 | - | 11 |
| 先决条件 | - | 52 |
| … | … | … |
| 个性 | - | 20 |
| 主题回顾 | - | 20 |
| 总计 | 250～300 页 | 802 页 |

其时，我基本上使用了两种估算技术：直觉估算，得出 250～300 页的估算结果；分解和专家判断估算，得出 802 页的估算。这两种估算之间的分歧大到足够驱使我去弄明白为什么两种估算相差如此之大。

由于对这本书的长度持有 250 页的先入之见，所以我想 802 页的估算不可能是正确的。我一定是估算错了。于是我决定对这本书进行第二次重新估算来得到"正确"的估算。

在第 3 次估算中，我使用了我所写的样张的页数，并将这些页数除以这些章节记录为提纲中的要点数（姑且称为"提纲点"）。得出平均每一个提纲点要写 1.64 页。然后我把整本书的详细大纲过了一遍，并数了每一章的提纲点数。再乘以 1.64。表 15-2 为该方法的估算结果。

表 15-2　使用大纲点和历史数据做出《代码大全》的估算（页数）

| 章 | 估算 1：最初关于整本书的"直觉"估算 | 估算 2：运用分解和专家判断技术 | 估算 3：提纲点和历史数据 |
|---|---|---|---|
| 引言 | - | 4 | 4 |
| 致辞 | - | 5 | 5 |
| 隐喻 | - | 11 | 11 |
| 先决条件 | - | 52 | 52 |
| … | … | … | … |
| 个性 | - | 20 | 16 |
| 主题回顾 | - | 20 | 21 |
| 总计 | 250～300 页 | 802 页 | 759 页 |

第三次估算为 759 页，与第二次估算的 802 页相差不到 5%。由于这两种估算的收敛，我脑海中有了一幅相当清晰的画面，那就是我这两年来先入为主的想法是错误的，我不是在写一本 250 到 300 页的书，而是正在写一本 750 到 800 页的书。

我的经验代表一个普遍适用的发现：联合多个估算人员或多个方法得出的估算结果会提高估算准确性（Tockey Jørgensen 2002，2004）。

 **#66　使用多种估算技术，并在结果中寻找收敛或发散。**

软件估算和我写作相关的估算有明确的相似性。人们一开始就会形成一些关于项目可能的成本、持续时间和特性的想法，而这些想法并没有建立在特定的基础上。他们会保留那些先入为主的想法，直到有人拿出足够的数据来推翻他们的先入之见。没有实际数据，我也不敢相信我的项目范围是我想象中的三倍。有了一点数据之后，一开始我却不敢相信，还需要寻找更多的数据来让我自己确信。

软件估算的另一个类似之处是，得到坏消息宜早不宜迟。在准备时，我调整了对项目规模的期望。我本可以选择在那个时候停手不去重新估算。但是我扫了一下项目的范围，觉得这件事无论如何都是值得做的，正是这次重新估算让我对计划的日程安排和我所做的承诺有了更现实的看法。

两种完全不同的方法得出了类似的估算，这一事实增强了我对这些估算结果的信心。在软件中，确保使用不同种类的估算技术来做出不同的估算。例如，你可以使用基于代理的估算、专家判断、类比估算或者软件估算工具。

一旦接受估算的收敛性，我就突然就能够看清其他数据是如何证实与这个规模大致相近的数值的。我的一个样张有 72 页的篇幅。这相当于一本书 250 页的 29%。我从不相信仅仅因为我完成了仅仅这一个原型章节，我就完成了 29%的项目。事实上，在直觉层面上，我知道这一章不会超过书的 10%。当我的视野被这两个收敛的估算打开后，我意识到这个样张的长度也从另一个角度证实了这本书的真正范围应该是 750 到 800 页，而不是 250 到 300 页。

项目自身的具体数据通常能提供最准确的估算。最终我完成了 749 页的初稿，这与使用同一项目的历史数据创建的提纲点估算仅仅只有 10 页（1%）的差异。

我最初的直觉估算是基于阅读 250 到 300 页的其他书籍的经验。因为以前没有写过一本书，所以我做了一个很天真的假设，我需要写够 250 到 300 页才能出版一本 250 到 300 页的书。但是，从原始手稿到出版书籍的页数之所以会增加，是因为章节之间的空白页、书中各部分之间的空白页、目录表、（也许还有）图列表、索引以及其他前后内容。页数还受选用的字体、边距和行距的影响。一旦有人向我指出来，所有这些元素都是显而易见的，但作为新手作者，我很容易忘记在估算中将它们考虑在内。即使在我的分解估算中，我也犯了一个典型的估算错误——在估算我所知道的事情时做得很好，但是忘记估算项目的某些重要部分。

最后，我后做的两次估算结果互相收敛在 5%左右的范围之内。我当时并不知道，这原来已经是一个很好的收敛性目标。（如果你处在不确定性锥形的较宽部分，有时需要放宽收敛性的目标）

**#67**    如果不同的估算技术产生不同的结果，试着找出导致结果不同的因素。继续重新估算，直到不同的技术产生的估算结果收敛到大约 5%的范围。

在一个更具体的软件环境中，后来我被要求为我的客户估算一个项目。图 15-1 中的交叉点显示了我为该项目创建的个人估算。每个十字的大小代表我对每个估算的信心。图中的三角形显示了我做出的"最准确估算"为 75 个人月和 12 个日历月。虽然交叉点看起来有些分散，但我最有信心（交叉点尺寸最大）的估算都集中在"最准确估算"的 5%范围以内。正方形显示了我的客户的商业目标，即 25 个人月和 5 个日历月。在这个特定的项目中，客户还是选择按照 25 个人月和 5 个日历月的商业目标执行项目。这真是令人遗憾。项目最终在花费了 14 个日历月和大约 80 个人月的工作量之后完成交付，而且团队交付的功能远远少于最初的计划。

**#68**    如果多个估算结果一致却与商业目标不一致，那么请相信这些估算结果。

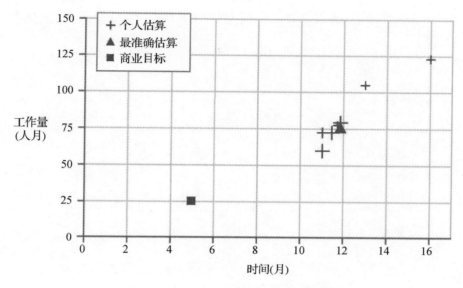

图 15-1　同一个软件项目多个估算的示例

# 更多资源

Tockey, Steve. *Return on Software*. Boston, MA: Addison-Wesley, 2005. 这本书第 22 章用多种方法讨论了估算，第 23 章讨论如何解释估算中的不准确性，第 24 章和第 25 章讨论如何在风险和不确定条件下做出决策。

# 第 16 章

# 一个估算得当的项目的软件估算流程

| 本章技术的适用性 | | |
| --- | --- | --- |
| | 在项目后期更换用更准确的估算技术 | 基于项目自身具体数据的估算改进 |
| 估算对象 | 规模，工作量，时间，特性 | 规模，工作量，时间，特性 |
| 项目规模 | - 中 大 | 小 中 大 |
| 开发阶段 | 早期-后期 | 早期-后期 |
| 串行或迭代开发风格 | 串行 | 均可 |
| 可能达到的准确性 | 高 | 高 |

在估得不好的项目中，估算活动重点放在直接估算成本、工作量和进度，很少关注或根本没有关注估算将要构建的软件的规模。这样的项目一般会被多次重新估算，但通常是为了应对项目后期的进度延迟而不得不为之。

在一个估算良好的项目中，估算的关注点和那些总是重新估算的项目的关注点是有区别的。本章描述了一个估算良好的项目的软件估算流程。第 17 章描述了如何创建一个包括健康的估算工作流的标准化的估算方法。

## 16.1 估算不当的项目的单次估算流程

在估算不当的项目中，作估算的流程如图 16-1 所示。

为特定估算定义的输入 → 临时任意估算流程 → 输出结果

图 16-1 一个估算不良的项目的估算活动。输入和过程都没有很好的定义，输入、过程和输出处处都有争议

输入、估算过程和输出都没有很好的定义，它们的正确性都有待商榷和有待审查。如果目标是获得更准确的结果，仔细审查估算过程将是有益的。但在此类项目中，审查估算的目的通常是使估算值更小。换句话说，审查活动倾向于对估算施加向下的压力，而这不会被任何相应的向上压力所抵消。

> (术) **#69** 不要对估算的结果进行争论。将输出视为给定结果。只有通过更改输入和重新计算来更改输出。

## 16.2    良好估算的项目的单次估算流程

如果估算输入和流程定义良好，任意改变输出并不是一个理性的行为。项目干系人可能并不喜欢输出的结果，但是适当的纠正措施是去调整输入（例如，缩减项目的范围）并重新计算输出，而不仅仅是将输出结果篡改为不同的答案。

图 16-2 显示了一个估算良好的项目的估算流程。

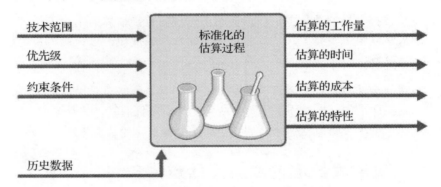

**图 16-2    一个估算良好的项目的估算活动。输入和过程定义良好。过程和产出不受争议；然后，在得到可接受的输出之前，输入可能需要经受多个迭代**

在一个估算良好的项目中，会考虑技术范围、优先级和约束条件的特定输入。而且这些输入都可以调整，直到估算过程产生一个可接受的结果。历史数据也是估算的输入，用于校准生产率的假设。历史数据之所以显示在图表的底部，是因为它和其他输入不一样的是，它不应该在特定的估算上下文中进行调整，尤其不应该调整历史数据使估算得出特定的结果。

估算过程本身是标准化的。换而言之，它是在需要创建任何特定估算之前就已经被定义的过程。因为它是标准化的，所以它不应该每做一个估算就调整一次，再次强调，尤其不应该调整过程使估算的结果更接近期望的结果。我们将在第 17 章讨论具体的标准化估算过程。

使用已定义的输入，遵循已定义的过程，从而输出估算的工作量、时间、成本和特性。在一个估算良好的项目中，输出结果本身不会被反驳或审查。

在这方面，区分估算、目标和承诺特别有用。如果估算不是所期望的，项目领导可能仍然有很好的理由去承诺实现比估算结果更野心勃勃的目标。但这并不会改变估算本身的结果。

在估算过程中，唯一需要在传统意义上（即通过判断）进行估算的因素是规模。而且你仅仅需要在项目的早期，在拥有需求、故事、用例或其他可以被计数的东西之前，使用判断来估算规模。基于估算的规模，工作量可以使用生产率的历史数据来计算。时间、成本和特性都是从工作估算中计算出来的。图 16-3 显示了这个流程。

图 16-3　一个估算良好的项目的单次估算流程。工作量、时间、成本和可以被交付的特性都是基于规模估算计算出来的

**#70**　首先关注估算规模。然后根据规模估算来估算工作量、时间、成本和特性。

## 16.3　随时间推移整个项目的估算流程

由于不确定性锥形的规律，多次重新估算对大多数项目是不无裨益的。在项目后期创建的估算可能比早期创建的估算更准确。当项目更准确地重新估算时，就可以进一步加强项目计划和控制。

**#71**　在项目中重新估算。

重新估算并非简单地再次重复执行与之前相同的估算工作。它应当随着项目的进展切换到更准确的方法。图 16-4 总结了对于常见类型的项目，在项目的不同阶段进行估算的最佳技术。

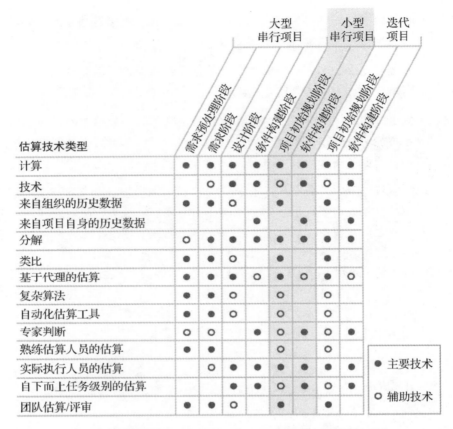

图 16-4　根据项目类型和项目阶段对不同估算技术的适用性总结

| 估算技术类型 | 大型串行项目 | | | | 小型串行项目 | | 迭代项目 | |
|---|---|---|---|---|---|---|---|---|
| | 需求预处理阶段 | 需求阶段 | 设计阶段 | 软件构建阶段 | 项目初始规划阶段 | 软件构建阶段 | 项目初始规划阶段 | 软件构建阶段 |
| 计算 | ● | ● | ● | ● | ● | ● | ● | ● |
| 技术 | | ○ | ● | ● | ○ | ● | ○ | ● |
| 来自组织的历史数据 | ● | ● | ○ | | ● | | ● | |
| 来自项目自身的历史数据 | | | | ● | | ● | | |
| 分解 | ○ | ● | ● | ● | ● | ● | ● | ● |
| 类比 | ● | ● | ○ | | ● | | | |
| 基于代理的估算 | ● | ● | ● | ○ | ● | ○ | ● | ● |
| 复杂算法 | ● | ● | ● | | ○ | | ○ | |
| 自动化估算工具 | ● | ● | ● | | ○ | | ○ | |
| 专家判断 | ○ | ○ | | ● | ● | ● | ● | ● |
| 熟练估算人员的估算 | ● | | | | ● | | ● | |
| 实际执行人员的估算 | | ○ | ● | ● | ● | ● | ● | ● |
| 自下而上任务级别的估算 | | | ● | ● | ● | ● | ○ | ● |
| 团队估算/评审 | ● | ● | ○ | | ● | | ● | |

● 主要技术
○ 辅助技术

## 大型项目的估算流程

在大型项目特别早期的阶段，无法使用计数方法，因此需要使用算法、软件工具和其他宏观技术。当然，仍然可以用团队评审和其他多种方法来改进这些早期估算。

随着进入大型项目的稍后的阶段，可以转向更准确的、基于历史数据的计数方法，并更多地转向微观技术，如自底向上的任务估算，这将产生更准确的估算（Symons 1991）。

#72　随着项目时间推移，从不太准确的估算方法切换为更准确的估算方法。

## 小型项目的估算流程

小型项目从一开始可以使用大型项目在最后阶段使用的估算技术。一旦知道哪些具体人员将在你的项目中实际执行工作，并且可以开始向他们分发具体的任务（或工作包），这种时候就应该从大粒度的算法技术切换到自底向上基于个体对自己任务的估算技术。在一个小项目中，这种情形可能在项目的第一天就发生了。在大型项目中，这可能需要几个月的时间。

 **#73**　当准备好分派具体的开发任务时，就可以切换到自下而上的估算技术。

# 16.4　估算改进

当错过一个项目里程碑的原定时间时，就面临一个问题：如何重新校准进度计划。假设原来有一个 6 个月的进度计划，你计划在 4 周内通过第一个里程碑，但实际上却花了 6 周。应该怎么做呢？

- 假设能在之后弥补上进度的两周损失？
- 在整个进度计划上加上这两周时间？
- 整个进度计划乘以拖延的比例，在这种情况下是 50%？

项目中最常使用的方法是选项 1。理由通常是这样的："需求花费的时间比我们预想的要长一些，但是既然现在这些需求工作已经做得扎实又可靠，所以我们之后一定会把时间节省下来，把进度赶回来。我们将在编码和测试期间追回前面损失的进度差额。"但是，1991 年有一项对 300 多个项目的调查发现，几乎没有项目能做到弥补损失的时间，实际情况是他们之后往往会进一步落后于进度（van Genuchten 1991）。选项 1 很难成为最佳选择。

选项 2 的假设是第一个里程碑花费的时间比预期长两周，但是项目的其余部分仍然将花费最初估算的时间。选项 2 的致命弱点是，由于系统性原因，估算错误的位置往往是不准确的，错误可能遍及整个项目。除了已经有实际经验的那部分（即已经拖延的部分），其余部分所有的估算都是准确的，这是不太可能的情况。除了极少数例外情况，对实际结果与估算结果出现偏差的正确应对方法是选项 3。

当然，在错过里程碑之后更改估算并不是唯一的选择。你还可以削减特性，动用项目的一些风险缓冲，或者把这些条件组合在一起进行一些调整。你还可能决定延迟项目，并通过密切监控项目如何完成下一个里程碑来获取更多数据。但是，如果仍然以拖延 50%进度的状况通过下一个里程碑的话，此时供你实施纠正措施的时间已经又少了一些了。亡羊补牢，如果第一次检测到估算错误时你就马上实施纠正措施，那么就会有更长的时间来让纠正措施生效。

 **#74** 当你错过一个项目节点的最后期限而需要对项目重新估算时，新的估算应该基于项目的实际进展，而不是基于项目原来计划的进展。

## 16.5  如何向其他项目干系人展示重估的结果

估得不好的项目中，估算人员在项目早期往往妥协于提供单点估算。之后，他们将对项目其余部分的估算负责。例如，假设在项目的整个过程中，你提供了表 16-1 中所列的估算集。

表 16-1  使用单点估算的项目估算活动历史示例

| 项目阶段 | 每次估算结果（人月） |
|---|---|
| 初始概念 | 10 |
| 审批过的产品定义 | 10 |
| 完成需求 | 13 |
| 完成用户界面设计 | 14 |
| 第一个中间版本发布 | 16 |
| 总计 | 17 |

有了这组估算，当项目第一次估算从 10 个人月增加到 13 个人月时，客户就已经认为项目开始超出预算并落后于计划。从那之后，每次重新估算，项目似乎都会有更多的延期和超支。这真令人遗憾不已，因为这件事情究其根底，是由于最初 10 个月的估算本身有非常高的不准确性。在那之后再进行几次重新估算是恰当的做法。运行良好的项目也可能在估算活动中得出 17 个人月的最终结果，但是对这个结果的不同展示方式会让这个估算看起来大相径庭。

将该场景与下面另外一种给出估算范围的方式相比较，随着项目的进展估算范围会收窄，如表 16-2 所示。

表 16-2　使用估算范围的项目估算活动历史示例

| 项目阶段 | 每次估算结果（人月） |
| --- | --- |
| 初始概念 | 3～40 |
| 产品定义批准 | 5～20 |
| 完成需求 | 9～20 |
| 完成用户界面设计 | 12～18 |
| 第一个中间版本发布 | 15～18 |
| 总计 | 17 |

在这种情况下，当改进每个估算时，你的客户仍然会认为项目是按预期执行的。与其因为一个接一个的进度延期而让客户失去信心，你还不如通过不断地满足客户的期望和不断地收窄估算范围来为客户建立信心。

使用估算范围而不是单点估算的另一个原因是，研究人员发现，即使最初的估算不成立，项目上下也特别容易把这个初始单点估算当作未来的"锚定"估算，（Lim and O'Connor 1996，Jørgensen 2002）。这样，一个糟糕的初始单点估算可能会直接影响整个项目的估算。使用估算范围而不是单点估算将有助于避免这个问题。

 **#75**　以一种可以随着项目进程收紧估算的方式来展示你的估算。

## 何时提出重估

项目中并没有什么神奇时段专门用来进行重新估算。估算的准确度应该在整个项目中不断提高。项目通常会在主要里程碑、主要版本或者主要项目假设发生变化时（例如当大量需求变更涌入时）进行重新估算。

无论计划重新估算多少次，你都需要提前与其他项目干系人沟通重新估算的计划。不确定性锥形的作用下，项目最终实现初始承诺的机会很低，因此在项目的早期阶段不必做出牢靠的承诺。但是，当你对项目的见解成为众人的焦点时，这就要求你有责任义务定期和项目干系人沟通相关更新。

表 16-3 给出了在一个以串行顺序运行的项目中可能发布的估算计划的示例。

表 16-3    一个串行项目的估算日程表示例

| 项目里程碑之后 | 估算准确度（对于项目剩余部分） | 解释 |
| --- | --- | --- |
| 初始概念 | −75%，+300% | 仅供内部使用；不要对开发团队之外发布 |
| 审批过的产品定义 | −50%，+100% | 探索性的估算。仅供公司内部使用；不要对外发布 |
| 完成需求和用户界面设计（UIDC） | −20%，+25% | 预算估算。允许对外发布估算范围的高端。不要发布范围的低端或中点值 |
| 第一个中间版本发布 | −10%，+10% | 用项目数据对初始估算进行了微调。不要对外发布；这些仅供参考。UIDC 之后约 45 天可得到该估算 |
| 第二个中间版本发布 | −10%，+10% | 估算的项目预备承诺。允许对外发布估算范围的高端。不要发布范围的低端 |
| 第三个中间版本发布 | −10%，+10% | 估算的项目最终承诺。允许对外发布估算范围的中点值 |
| 第四～X 个中间版本发布 | −10%，+10% | 只有在变更委员会批准新需求时才更新估算 |
| 代码完成 | −5%，+5% | 同上 |

根据项目干系人的需要，需要提供的重新估算可比表中所示的更频繁或更稀疏。可以调整此表的细节来适应你所在的具体环境。第 17 章扩展了这个例子，并建议了一种非常适合迭代项目的其他方法。

 **#76**    提前与其他项目干系人沟通重新估算计划。

## 如果管理层不让你重新估算呢？

管理层真的不让你重新估算吗？我对此表示怀疑。管理层可能不允许你改变之前的承诺，但这与禁止重新估算是两回事。即使只是为了自己内部项目规划和项目控制的目的，你也应该总是计划定期进行重新估算，不论你的管理层或客户是否能接受重新估算的结果。

许多组织确实做到了提前计划重新估算。我将在 17.2 节中进一步讨论这个问题。

## 16.6    估算良好的项目的示例

很难在项目进行过程中知道你的估算到底有多好。项目估算的准确性只能事后来评价。然而，事后来看，可以很清晰地区分估算良好的项目和估算不良的项目。

一旦项目完成，回顾项目的估算活动历史，以确定项目的估算是否正确预测了项目的最终结果。图 16-5 显示了一个良好估算的项目示例。

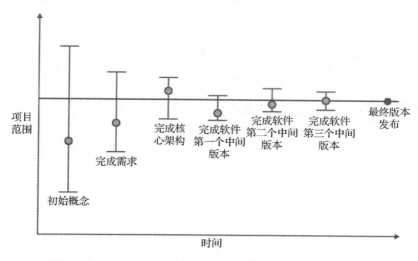

图 16-5　一个估算良好的项目。虽然其中的单点期望估算都没有命中最终结果，但所有阶段的估算范围都包括最终结果

图中的竖线表示估算范围。图中的灰色点表示期望情况的单点估算。黑色实心圆点表示实际的项目结果。在这个项目中，直到项目结束之前，每个阶段的单点期望情况估算与最终结果都是不同的。但是在整个项目中所展示的每一阶段的估算范围都包含了最终的结果，所以，我认为这个项目已经得到了良好的估算。

图 16-6 显示了一个被系统性低估的项目。

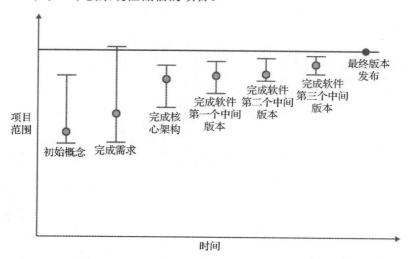

图 16-6　估算不佳的项目。项目一直被低估，而且估算范围太窄，没有包含最终的结果

从本质上说，这个项目已经陷入了我们在第 2 章中讨论的同样问题，对于不切实际的狭窄范围和宣称达到了"90%信心"。项目使用了估算范围而不是单点估算，这点不错，但是估算范围太窄，无法包含项目的最终结果，这很糟糕。

# 第 17 章

# 标准化的估算流程

| 本章技术的适用性 | | |
|---|---|---|
| | 标准化的估算流程 | 评估估算流程有效性 |
| 估算对象 | 规模，工作量，时间，特性 | 规模，工作量，时间，特性 |
| 项目规模 | 小 中 大 | 小 中 大 |
| 开发阶段 | 早期-后期 | 后期 |
| 串行或迭代开发风格 | 均可 | 均可 |
| 可能达到的准确性 | 高 | 高 |

标准化的估算流程是一个良好定义的流程，在组织层面用该流程来创建估算，并在个体项目级别提供指导。标准流程可以帮助组织和项目避免糟糕的估算实践，譬如"拍脑袋式的"即兴估算和猜测。这些流程可以保护项目免遭强势的项目干系人由于不喜欢特定的结果而任意篡改估算结果。这些流程还能促进估算过程的一致性。并且，即使在特别差的估算情况下，这些流程也允许你回溯步骤，以便随着时间的推移可以改进流程。

标准化流程对于大型项目、小型项目、迭代项目和串行项目同样有用，但是这些类型的项目具体情况各不相同。

## 17.1　标准化流程的一般要素

基于第 16 章中描述的典型估算流程，一个标准化的估算流程通常会做如下工作。

- 尽可能强调计数和计算，而不是使用判断。
- 要求使用多种估算方法并对结果进行比较。
- 传达在项目中预设时间点进行重新估算的计划。
- 定义所需的估算方法随着项目进程的变化。
- 包含对所做估算的不准确性的清晰描述。

- 定义何时可以将估算用作项目预算的基础。
- 定义何时可将估算用作内部和外部承诺的基础。
- 要求对估算数据进行归档，并评审估算流程的有效性。

要使标准化的估算流程发挥作用，最重要的一点是组织把该流程视为标准。偏离流程的情况需要正式的书面理由，而且应该保证这种偏离的情况很少发生。

流程本身应该记录在"软件工程标准"文档或"标准化估算过程"文档中。然后，流程本身受变更控制管理。这个流程可以在项目结束时进行修改，其目的是提高该流程运用于未来项目的准确性。程序不应该动态（项目进行过程中）更改。这种变化太容易产生偏见，因而不仅损害当前具体估算的准确性，也损害未来项目估算中估算流程的有效性。

**#77    在组织层面制定一个标准化的估算流程，并在项目级别使用该流程。**

# 17.2   在阶段-关卡流程中嵌入估算活动

许多大型正式的组织都有一个已定义的软件开发生命周期（SDLC）。这些生命周期往往是"阶段-关卡流程"的一部分，产品生命周期流程是由几个"阶段"和"关卡"所定义的（Cooper 2001）。使用阶段-关卡流程的公司包括 3M、安捷伦（Agilent）、康宁（Corning）、埃克森美孚（Exxon）、通用电气（GE）、健力士啤酒（Guinness）、惠普（Hewlett-Packard）、英特尔（Intel）、柯达（Kodak）、宝洁（Proctor & Gamble）以及其他更多公司。

图 17-1 显示了一个典型的阶段-关卡流程。

**图 17-1   一个典型的阶段-关卡式产品开发生命周期**

SDLC 定义了每个阶段中通常执行的软件开发活动。它还定义了准出标准，用于确定是否允许项目完成一个阶段并开始下一个阶段（即继续进入下一个阶段）。SDLC 的具体细节因组织而异。表 17-1 总结了 SDLC 如何与典型的以产品为导向的阶段-关卡流程相结合。

表 17-1　典型的以产品为导向的阶段-关卡式软件开发生命周期

| 阶段 | 阶段主要活动 | 关卡 | 主要准出标准 |
|---|---|---|---|
| 探索 | 识别市场机遇<br>评估高层技术的可行性<br>开发初始商业案例 | 1 | 初始商业案例获得批准 |
| 范围 | 定义产品愿景<br>制定市场需求<br>向客户验证概念 | 2 | 产品愿景获得批准<br>市场需求获得批准 |
| 规划 | 制定详细需求<br>制定详细的软件开发计划<br>制定预算估算<br>制定最终商业案例 | 3 | 软件开发计划获得批准<br>预算获得批准<br>最终商业案例获得批准 |
| 开发 | 执行主要的软件开发生命周期<br>制定市场推广计划和运营计划<br>制定最终测试计划 | 4 | 软件发布计划获得批准<br>市场推广计划和运营计划获得批准<br>软件测试计划获得批准 |
| 测试和验证 | 执行最终测试计划<br>决定最终软件发布 | 5 | 通过发布标准 |
| 发布 | 执行市场上线计划<br>进行项目回顾反思<br>收集客户反馈和缺陷报告<br>监控业务结果 | 无 | 无 |

从估算的角度来看，阶段-关卡流程既带来挑战，也带来了机遇。许多阶段-关卡流程最初是为硬件产品、消费品或其他非软件产品制定的，这往往会为软件行业带来一些挑战。虽然这些流程的基本框架是有用的，但是要让这些流程像帮助其他类型的产品开发那样帮助软件项目，就需要针对软件行业的一些特点对这些流程进行定制。

一个常见的挑战是，开发常常被列为一个单独的阶段（如表 17-1 中的阶段 3 所示）。在开发阶段中发生的活动占软件项目总工作的 75%～90%，除了阶段末尾单独一个关卡评审之外，我通常希望在该阶段进行过程中看到更多的中期进展标志。在这种情况下，无论组织是否提倡在这个阶段的中途进行重新估算，都应该在这个阶段中自觉地定期修改估算，以支持有效的项目规划和控制。

第二个常见的问题是表 17-1 中定义的范围和规划阶段经常在流程中被合并为一个阶段。本质上这意味着关卡 3 应该发生的不确定性锥形已经收窄到±25%，这时应该处于整个项目 15%~35% 的日历时间点。第 21 章更详细地讨论了这些百分比。技术人员通常需要教育非技术的项目干系人，从而才能让他们理解，为了顺利通过关卡 3 的检视项目中的软件开发活动必须完成到什么程度。软件开发活动的数量和深度通常远远超出非技术项目干系人的预先设想。

一旦向非技术项目干系人讲清楚阶段-关卡流程和软件生命周期之间的对应关系，SDLC 就为标准化的估算流程提供了强大的支持。将特定的估算范围附加到 SDLC 的各个关卡准出标准中是理所当然的做法，这有助于将估算不确定性的概念制度化。

表 17-2 显示了如何将估算范围映射到组织 SDLC 中的示例。

表 17-2    SDLC 中关卡与估算范围之间的典型对应关系

| SDLC 关卡 | 估算准确度（对于项目剩余部分） | 估算用途 |
| --- | --- | --- |
| 1 | -75%，+300% | 愿景估算。只供内部使用；不要在开发团队之外发布 |
| 2 | -50%，+100% | 探索性的估算。只供公司内部使用，不要对外发布 |
| 3 | -20%，+25% | 预算估算。可以在外部发布估算范围的高点数值。不要发布较低的数值或中点数值 |
| 4 | -10%，+10% | 最终承诺估算。可以向外部发布中点数值 |

根据组织的关注点，估算的准确性百分比可能是表示成本、工作或特性的可变性。

**#78** 标准化的估算流程应与 SDLC 相结合。

接下来的两节内容提供了标准化估算流程的示例。17.3 节提供适用于串行项目的流程示例，17.4 节提供用于迭代项目的流程示例。

## 17.3    串行项目的标准化估算流程示例

表 17-3 显示了一个可以用来估算串行软件项目的标准化估算流程的例子。这个估算流程假设组织的主要优先级是软件的特性集，并且估算的主要目标是提高成本和进度估算的准确性。

**表 17-3　串行项目标准化估算流程示例——重点估算成本和进度**

I. 探索性估算（产品定义已经获得批准）

    A. 使用以下每种方法创建至少一个估算值。

        1. 一个估算人员应该使用工作分解结构（WBS）自下而上地估算项目。

        2. 一个估算人员应使用标准组件方法估算项目。

        3. 一个估算人员应该用自顶向下的方法估算项目，即使用以前类似项目做类比估算。

    B. 估算人员应使用宽带德尔菲技术来将所有估算结果收敛到单点期望估算（N）。

    C. 估算结果必须以 0.5N 至 2.0N 的估算范围展示（即-50%，+100%）。

        1. 不应展示为此范围计算而得到的单点期望估算值。

        2. 该估算只能用以批准产品设计阶段的预算，不得用于编制其他预算或对外承诺。

II. 预算估算（产品设计完成）

    A. 使用步骤 I 中的两种方法创建新的估算。

        1. 使用工作分解结构（WBS）以自底向上的方法估算项目。

        2. 使用标准组件方法估算项目。

    B. 创建一个功能点估算。

        1. 根据需求规范计算功能点。

        2. 使用组织内部的历史数据来校准估算软件。

        3. 使用商业估算软件工具估算工作量和进度的期望值。

    C. 迭代步骤 II. A.1、II. A.2 和 II. B 中的估算活动，直到估算值彼此收敛到 5%以内。用这些估算值的平均值作为一个单点期望值 N。

    D. 计算估算范围为 0.8N 到 1.25N。

        1. 预算按 1.0N 拨给项目。

        2. 应急预算按 0.25N 拨给项目。

        3. 可以分配更多的意外情况预算，以符合组织的历史需求增长率。

        4. 仅仅只发布范围的高端（1.25N）数值。

        5. 本估算不能用于外部承诺。

III. 初步承诺估算（在第二次中期版本发布后）

    A. 构建自下而上的估算。

        1. 创建详细的任务列表。

            a. 任务清单应由开发负责人、测试负责人和文档负责人评审。

        2. 让每个开发人员、测试人员和其他个体贡献者估算他或她将要负责的工作所需的工作量。

            a. 每个模块应根据最佳情况、最差情况和期望情况进行估算。

            b. 模块的期望估算值计算公式为[最佳情况 +（4× 期望情况）+ 最差情况]/6。

        3. 将各个模块的期望估算值相加。

    B. 比较步骤 II.D 和 D III.A.3 的估算值。计算一个新的期望估算值 N，使用下面的公式：（2× 较高估算值+较低估算值）/ 3。

续表

    C. 计算估算值范围从 1.0N 到 1.1N。

      1. 范围的高端数值（1.1N）可以对外发布。

      2. 可以用 1.1N 做出外部承诺。

      3. 估算范围 1.0N 到 1.1N 可以在内部发布。

IV. 最终承诺估算（第三次中期版本发布后）

    A. 将估算结果与步骤 III 的实际结果进行比较。

      1. 根据以下公式计算修正后的剩余工作量期望值：剩余工作量 = 计划中剩余工作量/
（截至此时的实际工作量/截至此时的计划工作量）

      2. 添加步骤 III 中遗漏的任何任务。

    B. 步骤 IV.A.1 的和 IV.A.2 的和。2 可以作为新的期望估算值 N。

      1. 该期望值（1.0N）可以对外公布。

      2. 可以用 1.0N 做出外部承诺。

      3. 估算范围 0.9N 到 1.1N 可以在内部发布。

V. 应随时根据项目假设的重大变化对项目进行重新估算

    A. 假设的更改包括但不限于需求的增加、主要需求定义的更改、人员配置的更改和进度目标
的更改。

VI. 项目完成

    A. 收集并归档关于实际项目结果的数据，以备将来使用。

    B. 回顾评审每个估算的准确性。

      1. 分析任何重大错误的根本原因。

      2. 估算是否可以用更少的工作量获得相同的估算准确性。

      3. 对标准估算流程提出修订建议。

表 17-3 所示的估算流程示例说明了估算流程中常见的所有要素。

- **尽可能强调计数和计算，而不是使用判断**　为探索性估算创建的估算
（表 17-3 中的估算步骤 I）要求通过工作分解结构（WBS）进行分解，
通过类比方法进行估算，并使用标准组件方法进行估算。尽管这些方
法都不是特别准确，但每种方法都至少涉及了一些计算，而不仅仅是
纯粹的判断。

- **要求使用多种估算方法并对结果进行比较**　前三个估算步骤中（估算
I、II 和 III）要求使用多种估算方法。尤其是在项目的早期，当基于计
算的方法不可用时，使用更多的其他估算方法。

- **传达在项目中预设时间点进行重新估算的计划**　重新估算计划在估算
I 到 V 中要求，这表明了定期进行重新估算的计划。每个估算都与项
目中的特定里程碑相关联。

- **定义所需估算方法随着项目进程变化**　每个步骤都有不同的细节，这是由于在项目后面的时段可用于改进的项目自身生成的数据越来越多。在项目后期，来自项目本身的历史数据应该成为估算的主要基础。
- **包含对所做估算的不准确性的清晰描述**　流程中的每个阶段都包含对估算的不准确性的描述性语言。例如，估算步骤 I.C 要求估算范围为 −50%～+100%，在估算步骤 IV.B 中范围则收缩为±10%。
- **定义何时可以将估算用作项目预算的基础**　步骤 II 明确被称为"预算估算"。步骤 I.C 中明确规定，不得将其作为预算的基础。
- **定义何时可将估算用作内部和外部承诺的基础**　估算步骤 III 明确被称为"初步承诺估算"，而估算步骤 IV 称为"最终承诺估算"。而之前的步骤明确指出，这些估算不应作为外部承诺的基础。

# 17.4　迭代项目的标准化估算流程示例

表 17-4 显示了一个适合于迭代软件项目的估算流程。这种流程在以年度为预算周期的组织中最为有用。预算在周期开始时是固定的，这意味着人员编制的水平也是固定的。因此，估算的挑战不是估算成本（已经固定预算）或进度（默认的年度预算周期为一年）。所以，这种项目的挑战是在于估算固定的人员和固定的时间框架内可以交付的功能数量。

**表 17-4　迭代项目的标准化估算流程示例——重点估算特性**

I. 探索性估算（为了计划第一个迭代）

　　A. 计划的特性集合应该用故事点来估算。

　　B. 第一个迭代应该使用组织的历史交付率来计划。

　　　　1. 迭代时长不应超过 1 个月。

　　　　2. 此时不应该对整个项目进行估算。

　　　　3. 此时不得进行任何承诺。

II. 计划估算（为了计划第二次和第三个迭代）

　　A. 应计算每人周的平均故事点（以校准工作量）。

　　B. 应计算每个日历周的平均故事点（以校准进度）。

　　C. 应使用步骤 II.A 和 II.B 中的数据来计划第二个和第三个迭代。

　　　　1. 每个迭代时长不应超过 1 个月。

　　　　2. 应根据在允许的时间和人员编制条件下可以交付的故事点，算出整个项目的期望估算（N）。

　　　　　　a. 估算结果可在内部公布为 0.75N 至 1.0N 的估算范围。

b. 估算结果不得对外公布。

c. 此时不得作出任何承诺。

III. 承诺估算（第三个迭代之后）

A. 每个人周的平均故事点应该基于前三个迭代来计算（以校准工作量）。

B. 每个日历周的平均故事点应该基于前三个迭代来计算（以校准进度）。

C. 应使用 III.A 和 III.B 的数据来计划项目的剩余部分。

1. 应根据在允许的时间和人员编制条件下可以交付的故事点，算出整个项目的期望估算（N）

a. 估算可在内部公布为 0.9N 至 1.1N 的范围。

b. 估算数可对外公布为 0.9N 至 1.0N 的范围。

c. 可基于 0.9N 至 1.0N 的范围作出承诺。

V. 应随时根据项目假设的重大变化对项目进行重新估算

A. 至少，应该每隔三个迭代进行一次项目估算校准更新，以考虑人员配置、生产率增长和其他因素的变化。

VI. 项目完成

A. 收集并归档关于实际项目结果的数据，以备将来使用。

B. 回顾评审每个估算的准确性。

1. 分析任何重大错误的根本原因。

2. 估算是否可以用更少的工作量获得相同的估算准确性。

3. 对标准估算流程提出修订建议。

表 17-4 中定义的流程中假设迭代得到了很好的控制——也就是说，每个迭代结束时都达到一个可发布的质量级别，"善后工作"在每个版本中执行，而不会在计划的迭代之外越积越多，等等。

表 17-4 所示的估算流程示例也说明了估算流程中常见的所有要素。

**尽可能强调计数和计算，而不是使用判断**  来自迭代项目的数据被快速反馈到估算流程中，这样，从那时开始的估算就可以基于项目本身的历史数据进行计算。

**要求使用多种估算方法并对结果进行比较**  这个示例流程中并未要求多种估算方法，如果使用这个流程并且发现故事点不能提供良好的预测准确性，就应该修改这个流程以使用其他的估算方法。

**传达关于在项目中预设的时间点进行重新估算的计划**  该计划要求进行步骤 I

到 III 的估算，这已表明定期进行重新估算的意图。

**定义所需的估算方法随着项目进程的变化**　就像使用串行项目流程一样，该流程中每个步骤基于项目自身生成历史数据的数量多少有不同的细节。

**包含对所做估算的不准确性的清晰描述**　估算步骤 I 明确声明不应该针对整个项目进行估算，估算步骤 II 提供了从预期特性 75%～100%的不确定性范围。

**定义何时可以将估算用作项目预算的基础**　在此示例中，假定为固定的年度财务预算。

**定义何时可将估算用作内部和外部承诺的基础**　步骤 III 被明确称为"承诺估算"。之前的估算明确指出，这些估算不应作为外部承诺的基础。

## 17.5　来自先进组织的标准化估算流程示例

表 17-5 显示了世界上最先进的软件开发组织之一，NASA 软件工程实验室（SEL）所使用的估算流程。

NASA SEL 估算流程中最值得注意的方面是，它比一般的流程需要更少的工作量，却得出了更准确的估算。这代表一个非常普遍适用的规则，即估算越成熟，得到准确估算所花费的工作量越少。

这个估算流程中的具体数字是 NASA SEL 所特有的。他们通过对几十年的历史数据收集和分析进行校准才得到这个估算模型供这个高度成熟的开发组织使用。该例子中的具体数字并不适用于其他组织。

NASA 的与其他组织的软件估算流程之间的差异是非常有教育意义的，以下是他们之间的一些比较。

**尽可能强调计数和计算，而不是使用判断**　NASA SEL 程序的有趣之处在于，即使是项目早期的估算也完全基于计数和计算，而不是判断。NASA 的例子中工作量和进度从来都不是基于直接估算的。

**要求使用多种估算方法并对结果进行比较**　这个流程的不同之处在于它没有在任何时间点上要求使用多种方法。因为 NASA SEL 收集和分析历史数据的时间已经足够长，每次估算可以用很低的工作量得出准确的结果。

**传达项目中预设时间点进行重新估算的计划**　表 17-5 明确指出将在项目中几个

时间点创建新的估算。

表 17-5    NASA 软件工程实验室（SEL）的估算流程

| | 项目阶段 | 需求分析结束 | 初始设计结束 | 详细设计结束 | 软件实现结束 | 系统测试结束 |
|---|---|---|---|---|---|---|
| 输入 | 估算的输入数据 | 子系统个数 | 函数和/或程序（统称为"单元"）个数 | 新增和修改较多的单元数量（N）。重用和少许修改的单元数量（R） | 当前代码行规模。截止到目前为止所付出的工作量。截止到目前为止的进度。 | 所有花费的工作量 |
| 输出 | 规模估算 | 每个子系统平均 11 000 行代码[2] | 每个单元平均 190 行代码 | 代码行数 ＝ 200 x （N + 0.2R） | 增加 26% 规模（为了测试阶段增加的规模） | 到达最终软件规模 |
| | 工作量估算 | 每个子系统平均花费 3000 小时 | 每个单元平均花费 52 小时 | 每行代码平均花费 0.31 小时 | 在已经花费的工作量上增加43%（为了计算剩下要做的工作） | 在已经花费的工作量上增加11%（为了计算剩下要做的工作） |
| | 进度估算 | 子系统数乘以 83 周并除以工作人员数目 | 单元个数乘以 1.45 周并除以工作人员数目 | 代码行数乘以 0.0087 周并除以工作人员数目 | 在已经完成的进度上增加54% | 在已经完成的进度上增加54% |
| | 不确定性范围[1] | +75% −43% | +40% −29% | +25% −20% | +10% −9% | +5% −5% |

[1]为了考虑到人员流动、需求增长等因素，保守的管理实践要求使用介于期望值和上限值之间的估算值
[2] "代码行"包括所有源程序语句，包括注释和空行
资料来源：改编自 *Manager's Handbook for Software Development*，*Revision 1*（NASA SEL 1990）

**定义所需估算方法随着项目进程的变化**    表中的每一行表示项目中不同阶段的不同估算方法。

**包含对所做估算的不准确性的清晰描述**    表中最右边的列包含用于调整期望估算的正负限定额。第一个脚注给出了一个优秀的一般性指导方针："保守的管理实践要求使用介于期望值和上限值之间的估算值。"

**定义何时可以将估算用作项目预算的基础**  此流程中未明确指出此元素。

**定义何时可将估算用作内部和外部承诺的基础**  此元素在此流程中未直接表示。该流程中一个值得注意的方面是，该表中的第一行已经处于"需求分析结束"。在 NASA SEL 的术语中，"需求分析"是发生在"需求规范"之后的活动。因此，该流程暗示着，在流程足够成熟的情况下，甚至可以在不确定性的锥形相对深入的时间点直接创建项目中第一次估算。

## 17.6  改进标准化流程

使用临时的任意估算流程时，很难改进你的估算，因为你永远无法真正确定到底是哪些估算实践产生了不准确的估算。使用标准化的流程时，你将知道产生每个估算的步骤，这样就可以重复成功经验并避免失败的可能。

在每个项目结束之后，应该从以下几个方面来评估项目估算的有效性。

- 你的估算有多准确？你的估算范围是否包括最终实际结果，正如 16.6 节中所讨论的那样？
- 你的估算范围够广吗？它们是否可以收得更窄却仍然可以表示你所观察到的变化性？
- 你的估算一般倾向于偏高还是偏低，或者误差趋势是中性的？
- 是否存在影响估算的偏见来源？
- 哪些技术产生了最准确的估算？这些技术普遍会产生最准确的估算吗？或者只是在这种情况下，它们碰巧产生了最好的估算？
- 你是在正确的时间点进行重新估算的吗？是太频繁、太稀疏或频率恰当？
- 估算流程是否比需要的复杂性更高？如何在不牺牲准确性的情况下简化估算活动？

**#79**  回顾项目估算结果和估算流程，可以提高估算的准确性，并尽可能简化所需要的工作。

## 更多资源

Boehm, Barry W. *Software Engineering Economics*. Englewood Cliffs, NJ: Prentice-Hall, Inc. , 1981。第 21 章描述了估算软件项目的七步法。

Cooper, Robert G. *Winning at New Products :*
*"file:///C:/Users/rdeng/OneDrive%20-%20Polycom,*
*%20Inc/Downloads/BBL0112.html"; HYPERLINK*
*"file:///C:/Users/rdeng/OneDrive%20-%20Polycom,*
*%20Inc/Downloads/BBL0112.html" Accelerating the Process from Idea to Launch*。
New York，NY：Perseus Books Group，2001. 库珀是阶段-关卡流程之父。这本
书描述了如何开发自己的阶段-关卡流程。

McGarry, John, et al. *Practical Software Measurement: Objective Information for*
*Decision Makers*, Boston, MA: Addison-Wesley, 2002. 中文版《实用软件度量》
5.1 节讨论了估算流程中需要考虑的事项。

NASA SEL. *Manager's Handbook for Software Development, Revision 1.*文件编号
sel-84-101. Greenbelt，MD：戈达德太空飞行中心，NASA，1990. 这份文件详
细描述了 NASA SEL 的估算方法。

# 第 III 部分　估算所面临的具体挑战

第 18 章

# 估算项目规模的具体问题

| 本章技术的适用性 | | | |
|---|---|---|---|
| | 功能点 | 荷兰方法 | 图形化用户界面（GUI）元素 |
| 估算对象 | 规模，特性 | 规模，特性 | 规模，特性 |
| 项目规模 | 小 中 大 | 小 中 大 | 小 中 大 |
| 开发阶段 | 早期-中期 | 早期 | 早期 |
| 串行或迭代开发风格 | 串行 | 串行 | 串行 |
| 可能达到的准确性 | 高 | 低 | 低 |

一旦从直接估算工作量和进度转到基于历史数据来计算它们，规模就成为最难估算的量化指标。迭代项目可以使用规模估算来帮助确定在一个迭代中可以交付多少特性，但是它们通常关注于那些更直接估算特性的技术。而在串行项目的后期阶段，估算往往关注于承担实际工作的人员做出的的自底向上的工作量估算。因此，估算规模最适用于串行项目的早期和中期阶段。规模估算的目的是在不确定性锥形的宽部中为项目提供长期的可预测性。

两种常见的规模度量方法"代码行"和"功能点"各有优点和缺点，而组织自己使用的其他自定义度量通常也是有长处也有短处。通过使用多种规模度量方法来创建估算，然后从不同的估算结果中寻找收敛或发散，往往会产生最准确的结果。

本章描述如何创建项目规模的估算。第 19 章解释了如何将本章的规模估算转换为工作量估算。第 20 章描述了如何将工作量估算转换为时间进度估算。

## 18.1 估算规模的挑战

目前有许多衡量规模的度量单位，如下所示。

- 特性
- 用户故事
- 故事点
- 需求
- 用例
- 功能点
- 网页
- GUI 组件（窗口，对话框，报告，等等）
- 数据库表
- 接口定义
- 类
- 函数/子程序
- 代码行

其中，代码行（LOC）度量是最常见的规模度量单位，因此我们将首先讨论它。

## 代码行在规模估算中的作用

使用代码行对于软件估算来说是有利有弊。从积极的方面来看，代码行有以下几个优点。

- 以前项目的代码行数据很容易通过工具收集。
- 在许多组织中，许多历史数据已经以代码行的形式存在。
- 人们发现，在不同的编程语言中，每行代码所付出的工作量大致是恒定的，或者至少对于实际使用来说已经足够接近恒定了。（每行代码的工作量更多地取决于项目规模和软件类型，而不是编程语言，如第 5 章"影响估算的因素"所述。根据编程语言的不同，每行代码的产出结果会有很大的不同。）
- 代码行的度量允许基于过去项目的数据对未来项目进行跨项目的比较和估算。
- 大多数商业估算工具最终都是基于代码行来进行工作量和时间进度估算的。

从消极的方面来看，代码行度量在估算规模时也存在一些困难。

- 由于软件的规模不经济效应以及不同软件的编码效率有很大的差异，诸如"每个人月的代码行数"这样的简单估算模型很容易出错。

- 代码行不能作为估算个人任务的基础，因为不同程序员之间的生产效率存在巨大差异。
- 与用来校准生产率假设的以前项目相比，需要更多代码复杂性的新项目可能会在估算时影响准确性。
- 使用代码行度量作为基础来估算需求工作、设计工作和其他代码创建之前的活动，这似乎是违反直觉的做法。
- 代码行很难直接估算，必须通过代理进行估算。
- 为了避免 8.2 节中与规模度量相关的问题，必须仔细定义代码行到底由什么组成。

一些专家反对使用代码行来度量规模，因为使用代码行来分析各种规模、类型、编程语言和程序员水平不同的项目之间的生产率会存在问题（Jones 1997）。但是另外一些专家也指出，其他规模度量单位，包括功能点，也同样有这样的基本问题或类似的变形问题（Putnam and Myers 2003）。

代码行、功能点和其他简单的规模度量有一个共同的基础性问题是，使用单一维度的度量单位来衡量软件规模这样具有多面性的事物，至少在某些情况下，不可避免地会导致一些异常现象（Gilb 1988, Gilb 2005）。

平常我们不会使用单一维度的度量来描述经济或其他复杂的实体。我们甚至不会用单一的方法来判断谁是棒球运动中最好的击球手。我们会考虑打击率、本垒打次数、击球跑垒得分、上垒率和其他因素，然后我们还会争论这些数字的意义。如果我们都不能用简单的方法来衡量最好的击球手，凭什么期望我们能用简单的方法来衡量像软件规模这么复杂的事物呢？

我个人关于使用代码行进行软件估算的结论类似于温斯顿·丘吉尔关于民主的结论："用 LOC 来度量软件规模是一种糟糕的方法，除此之外，其他度量规模的方法却比这个更糟糕。"对于大多数组织来说，尽管存在问题，LOC 度量仍然是衡量过去项目规模和创建新项目早期估算的主要技术。LOC 度量是软件估算的通用语言，只要记住它的局限性，它通常也不失为一个很好的起点。

也有可能，你所处的具体环境与常见的编程环境有很大的不同，代码行与项目规模并没有高度相关的关系。如果这对你来说是真实情况，那么替代方案是找到一些与代码行相比和工作量更呈比例关系的事物，对其进行计数，并基于此事物进行规模估算。就正如第 8 章中所讨论的那样，尝试找到一些易于计数、与工作量高度相关、并且在跨多个项目的应用中具有意义的事物作为技术对象。

#80    使用代码行来估算规模,但是要记住简单度量的普遍限制和 LOC 度量的一些特定危害性。

## 18.2    功能点估算

LOC 度量的一种替代方法是功能点。功能点是对软件程序规模的一种综合度量,可在项目的早期阶段用于估算规模(Albrecht 1979)。较之代码行,功能点更容易根据需求规范来进行计算,并且功能点可以作为基础来进一步计算以代码行为单位的软件规模。计算功能点的方法有很多。功能点计数方法的标准由国际功能点用户组(IFPUG)维护,可访问其网站 www.ifpug.org 找到相关内容。

软件程序中功能点的数量取决于以下每一项的数量和复杂性。

- **外部输入**    屏幕、表、对话框或控制信号,最终用户或其他程序通过这些输入来添加、删除或更改软件程序的数据。外部输入包括多种输入,每一种输入都具有独特格式或独特的处理逻辑。

- **外部输出**    程序生成供最终用户或其他程序使用的屏幕、报告、图形或控制信号。外部输出包含多种多样的输出,每一种外部输出都具有不同格式,或需要与其他输入不同的处理逻辑。

- **外部查询**    查询是指特定的输入/输出组合。其中输入的结果会立即地、简单地被输出。这个术语起源于数据库世界,指通常使用单个"键"直接在数据库里搜索特定数据。虽然在现代 GUI 和 Web 应用程序中,查询和输出之间的界限是模糊的,但是通常意义下,查询直接从数据库检索数据并只提供基本格式的数据,而程序的输出部分可以做进一步处理,组合或汇总这些复杂的数据,并且最终以高度格式化的形式进行输出。

- **内部逻辑文件**    由程序完全控制的终端用户数据或控制信息的主要逻辑程序组。一个逻辑文件可能由关系数据库中的单个平面文件或单个表组成。

- **外部接口文件**    由其他程序控制的文件,这些程序与被计数(功能点)的程序进行交互。外部接口文件包括进入或离开程序的每个主要逻辑数据或控制信息组。

表 18-1 显示了输入、输出等元素的计数如何转换为未调整的功能点计数。可以

将低复杂度的输入元素数量乘以 3，将低复杂度输出元素数量乘以 4，以此类推，为每种元素和每种复杂度赋予不同的乘法因子。再合计这些乘积数值就可以得出未经调整的功能点计数。

表 18-1　计算未调整功能点计数的复杂性因子

| 功能点 | | | |
| --- | --- | --- | --- |
| 程序中的元素 | 低复杂度 | 中复杂度 | 高复杂度 |
| 外部输入 | __ × 3 | __ × 4 | __ × 6 |
| 外部输出 | __ × 4 | __ × 5 | __ × 7 |
| 外部查询 | __ × 3 | __ × 4 | __ × 6 |
| 内部逻辑文件 | __ × 4 | __ × 10 | __ × 15 |
| 外部逻辑文件 | × 5 | × 7 | × 10 |

资料来源：改编自《软件度量实践》（*Applied Software Measurement*），第 2 版（Jones 1997）

在计算了未调整的功能点总数之后，根据 14 个对程序的影响因素来计算影响因子。这些因素包括数据通信、在线数据输入、处理复杂性和安装简便性。影响因子范围为 0.65～1.35。把未调整的总数乘以影响因子，你将得到一个调整后的功能点计数。

如果你读过我之前关于主观性控制旋钮的意见，你可能会猜到我对这个影响因子及其 14 个控制旋钮的看法。有两项研究表明，较之乘以影响因子调整后的功能点数，未调整的功能点与最终的实际规模相关性更强（Kemerer 1987，Gaffney and Werling 1991）。一些专家还建议消除"低复杂性"和"高复杂性"的判断，并将所有被计数的元素都分类为"中等"，这可以消除另一个主观性来源（Jones 1997）。ISO/IEC 20926：2003 标准就是基于未调整的功能点。

表 18-2 提供了一个示例，说明如何计算最终调整后的功能点总数。表中显示的输入、输出、查询、逻辑内部文件和外部接口文件的特定数量仅限于本示例说明。

表 18-2　计算功能点数的例子

| 程序中的元素 | 功能点 | | |
| --- | --- | --- | --- |
| | 低复杂度 | 中复杂度 | 高复杂度 |
| 外部输入 | *6* × 3 = 18 | *2* × 4 = 8 | *3* × 6 = 18 |
| 外部输出 | *7* × 4 = 28 | *7* × 5 = 35 | *0* × 7 = 0 |
| 外部查询 | *0* × 3 = 0 | *2* × 4 = 8 | *4* × 6 = 24 |

续表

| | 功能点 | | |
|---|---|---|---|
| 程序中的元素 | 低复杂度 | 中复杂度 | 高复杂度 |
| 内部逻辑文件 | $0 \times 7 = 0$ | $2 \times 10 = 20$ | $3 \times 15 = 45$ |
| 外部逻辑文件 | $2 \times 5 = 10$ | $0 \times 7 = 0$ | $7 \times 10 = 70$ |
| 总计未调整的功能点数 | | | 284 |
| 影响因子 | | | 1.0 |
| 总计（调整之后的功能点数） | | | 284 |

这个示例中得到的规模估算为 284 个功能点。可以直接将其转换为工作量估算（见第 19 章），或者可以先将其转换为代码行估算，然后再转换为工作量估算。

功能点方法中的术语是非常面向数据库技术的，但是 IFPUG 一直持续地更新功能点的计算规则，并且该方法适用于各种软件。研究发现，经过认证的功能点计数人员通常彼此之间产生的功能点计数值相差约 10%，因此功能点计数为项目估算提供了一种实际可能性，在项目早期的不确定性锥性中，将缩小项目范围相关的可变性成为可能（Stutzke 2005）。

#81   通过对功能点的计数可以得到项目早期准确的规模估算。

## 从功能点到代码行之间的转换

如果要转换为代码行，表 18-3 列出了几种流行语言的功能点和代码行之间的转换因子。

如果之前示例的 284 个功能点的软件程序是用 Java 实现的，你会在上表中查到每个功能点对应 40 到 80 LOC 的范围，乘以 284 功能点得到 11 360～22 720 LOC 的规模估算，期望值为 $55 \times 284$，或 15 675 LOC。为了避免传递错误的准确性，可以将这些数值简化为 11 000～23 000 LOC 的范围，而期望情况是 16 000 LOC。

请注意表中所示的转换因子数量上有很宽的可变范围，通常在范围的高端和低端之间有 2 到 3 的倍数关系。与你估算的许多其他量化指标一样，如果能够收集你自己组织中关于功能点如何转换为代码行的历史数据，那么与使用行业平均数据相比，使用历史数据你将能够以更窄的范围达到更准确的估算结果。

表 18-3　每个功能点相对应的编程语言语句数

| 编程语言 | 每个功能点相对应的编程语言语句数 | | |
|---|---|---|---|
| | 最小<br>（减去一个标准偏差） | 中等<br>（最常见数值） | 最大<br>（加上一个标准偏差） |
| Ada 83 | 45 | 80 | 125 |
| Ada 95 | 30 | 50 | 70 |
| C | 60 | 128 | 170 |
| C# | 40 | 55 | 80 |
| C++ | 40 | 55 | 140 |
| Cobol | 65 | 107 | 150 |
| Fortran 90 | 45 | 80 | 125 |
| Fortran 95 | 30 | 71 | 100 |
| Java | 40 | 55 | 80 |
| 汇编语言 | 130 | 213 | 300 |
| Perl | 10 | 20 | 30 |
| 典型第二代编程语言 | 65 | 107 | 160 |
| Smalltalk | 10 | 20 | 40 |
| SQL | 7 | 13 | 15 |
| 典型第三代编程语言 | 45 | 80 | 125 |
| Microsoft Visual Basic | 15 | 32 | 41 |

资料来源：改编自 *Estimating Software Costs*（Jones 1998），*Software Cost Estimation with Cocomo II*（Boehm 2000）和 *Estimating Software Intensive Systems*（Stutzke 2005）.

本节对功能点计数的描述只是简单介绍了这种复杂技术的冰山一角。虽然专家级的功能点计数人员可以产出彼此相差 10%以内的计数结果，但是缺乏经验的功能点计数人员得到的结果将相差 20%～25%（Kemerer and Porter 1992，Stutzke 2005）。有关该技术的更多细节，请参见本章末尾的"更多资源"部分。

# 18.3　简化的功能点技术

如前所述，功能点计数需要逐行检查需求规范，并逐个计数程序中的每个输入、输出、文件等。这可能很耗时。

估算专家已经提出了一些计算功能点的简化方法。项目早期阶段中，考虑到还有其他与功能点相关的来源可以表征项目的可变性，花费最小工作量来获得不太准确的估算，似乎也是可取的。

## 荷兰方法

荷兰软件度量协会（NESMA）为项目早期功能点计数提出了一个"指示性"方法（Stutzke 2005）。在其方法中，不计算所有输入、输出和查询，只计算内部逻辑文件和外部接口文件。然后使用以下公式计算象征性的计数：

指示性功能点计数 ＝ （35 × 内部逻辑文件）＋（15 × 外部逻辑文件）

数字 35 和 15 是通过校准得到的，需要针对具体的环境用自己的校准得到更合适的取值。

使用此方法创建的功能点计数不如使用 18.2 节中描述的完整的功能点计数准确。但是工作量要少得多，因此这种近似对于粗略估算是有用的。

**#82**　在项目早期，可以使用荷兰方法计算出功能点，以获得一个低成本的粗略估算。

### 表 18-4　用 GUI 元素替换功能点

| GUI 元素 | 等同功能点 |
| --- | --- |
| 简单的客户端窗口 | 一个支持添加、更改和删除操作（如果存在）的低复杂度的外部输入，加上一个低复杂度的外部查询 |
| 平均水平的客户端窗口 | 一个支持添加、更改和删除操作（如果存在）的平均复杂度的外部输入，加上一个平均复杂度的外部查询 |
| 复杂的客户端窗口 | 一个支持添加、更改和删除操作（如果存在）的高复杂度的外部输入，加上一个高复杂度的外部查询 |
| 平均水平的报告 | 一个平均复杂度的外部输出 |
| 复杂的报告 | 一个高复杂度的外部输出 |
| 任意文件 | 一个低复杂度的内部逻辑文件 |
| 简单的接口 | 如果是输入方向接口，相当于一个低复杂度的外部输入；如果是输出方向接口，相当于一个低复杂度的外部输入 |
| 平均水平的接口 | 如果是输入方向接口，相当于一个平均复杂度的外部输入；如果是输出方向接口，相当于一个平均复杂度的外部输入 |
| 复杂的接口 | 如果是输入方向接口，相当于一个高复杂度的外部输入；如果是输出方向接口，相当于一个高复杂度的外部输入 |
| 消息或对话框 | 不纳入计算；作为他们所连接的屏幕的一部分进行计数 |

如果使用这种方法，请意识到在估算中会引入多少不确定性。在 GUI 元素的原始计数或对它们数量的估算中可能已经存在一些不确定性。当把 GUI 元素转换

为功能点时，会引入更多的不确定性。当从功能点转换到代码行时，还会引入
更多的不确定性。

| #83 | 在不确定的锥形的较宽部分，使用 GUI 元素可以花较少工作量得到一个粗略的估算。 |

## 18.4　估算规模的技术总结

本章和本书的其他章节介绍了许多估算规模的技术，包括几种可以用代码行为
单位表示规模的估算技术。表 18-5 总结了到目前为止介绍的估算规模的相关
技术。

表 18-5　估算规模的各种技术一览

| 技术 | 参考章节 | 可估算的规模类型 |
|---|---|---|
| 类比 | 11 | 特性、功能点、Web 页面、GUI 组件、数据库表、接口定义、代码行 |
| 分解 | 10 | 特性、功能点、Web 页面、GUI 组件、数据库表、接口定义、代码行 |
| 荷兰方法 | 18 | 功能点、代码行 |
| 软件估算工具 | 14 | 功能点、代码行 |
| 功能点 | 18 | 功能点、代码行 |
| 模糊逻辑 | 12 | 功能点、代码行 |
| 团队评审 | 13 | 特性、用户故事、故事点、需求、用例、功能点、页面、GUI 组件、数据库表、接口定义、类、函数/子程序、代码行 |
| GUI 元素 | 18 | 功能点、代码行 |
| 标准组件 | 12 | 功能点、代码行 |
| 故事点 | 12 | 故事点、代码行 |
| 宽带德尔菲技术 | 13 | 特性、用户故事、故事点、需求、用例、功能点、页面、GUI 组件、数据库表、接口定义、类、函数/子程序、代码行 |

表中"可以估算的规模类型"列中的条目实际上取决于项目拥有的校准数据。
最常见的规模类型（也是用处最广泛的类型）是功能点和代码行。

正如第 15 章所讨论的，最好的估算人员通常会使用多种估算技术，然后在不同
的估算之间寻找收敛或发散。表 18-5 中列出的不同技术，为使用不同的方法估
算规模提供了很多选项，可以从中选则多种技术然后再比较你的估算。

**#84** 因为规模估算是所有其他估算的基础，所以值得选用更好的估算方法。正在构建的软件系统的规模是项目中最大的成本驱动因素。请使用多种规模估算技术使你的规模估算更准确。

# 更多资源

Garmus, David and David Herron. *Function Point Analysis:Measurement Practices for Successful Software Projects.*Boston, MA: Addison-Wesley, 2001. 本书描述了功能点计数，并介绍了一些简化的计数技术。

Jones, Capers. *Applied Software Measurement:Assuring Productivity and Quality, 2d Ed*, New York, NY: McGraw-Hill, 1997. 本书详细讨论了功能点的历史，并提出了反对 LOC 度量的论据。

Stutzke, Richard D. *Estimating Software-Intensive Systems.* Upper Saddle River, NJ: Addison-Wesley, 2005. 第 8 章和第 9 章描述了其他的规模估算技术，包括用例点、应用程序点、Web 对象和简化的功能点技术。Stutzke 还讨论了 COTS（商用现货）项目的规模估算。

www.construx.com/resources/surveyor/。这个站点提供了 Construx Surveyor 免费代码计数工具。

www.ifpug.org 国际功能点用户组是当前功能点计数规则的权威来源。

www.nesma.nl 荷兰软件度量用户协会网站提供关于荷兰计数方法的信息。

# 第 19 章

# 估算工作量的具体问题

| 本章技术的适用性 | | | | |
| --- | --- | --- | --- | --- |
| | 与过去项目的非正式比较 | 软件估算工具 | 行业平均工作量图 | ISBSG 方法 |
| 估算对象 | 工作量 | 工作量 | 工作量 | 工作量 |
| 项目规模 | 小 中 - | 小 中 大 | 小 中 - | 小 中 - |
| 开发阶段 | 早期-中期 | 早期-中期 | 早期 | 早期 |
| 串行或迭代开发风格 | 均可 | 均可 | 串行 | 串行 |
| 可能达到的准确性 | 中 | 高 | 低-中 | 低-中 |

大多数项目最后直接从详细的任务列表中估算工作量。但是在项目的早期,用规模估算来计算工作量估算是最准确的。本章描述了几种计算这些早期估算的方法。

## 19.1  影响工作量的因素

对项目工作的最大影响因素是正在构建的软件的规模,而第二大影响因素是组织的生产效率。

表 19-1 说明不同软件项目之间的生产率水平。表中的数据也说明了使用行业平均数据和不考虑规模不经济效应的危害。如 Lincoln Continental 项目[①]和 IBM 结

---

① 中文版编注:林肯大陆,1939 年 10 月,第一代上市,有双门和双门敞篷两种车身结构,设计师是著名的游艇设计师格里高利。第二代纯手工打造,销量过低,以至于每台车至少亏 1000 美元,上市两年后停产。第三代有独特的火箭尾设计。《乱世佳人》首映礼上,片方为了 30 万影迷借用了 1940 年款原型车作为克拉克·盖博的专用座驾。2016 年 1 月,北美车展发布全新量产车型,宣告重新回到市场。

账扫描机项目等嵌入式软件项目，生成代码的速度往往慢于商业零售软件的项目（如 Microsoft Excel）。如果使用了来自错误项目类型的"平均"生产率数据，那么你的估算可能会错，可以达到 10 倍甚至更多。

表 19-1    不同类型软件项目之间生产率变化的例子（* =估算值）

| 产品 | 等效新代码行 | 人年 | 开始年代 | 基于 2006 年美元价值的近似成本 | 每 LOC 平均花费（美元） | 每人年生产的 LOC |
|---|---|---|---|---|---|---|
| IBM  首席程序员团队项目 | 83 000 | 9 | 1968 | 1 400 000* | $17 | 9 200 |
| Lincoln Continental | 83 000 | 35 | 1989 | 2 900 000 | $35 | 2 400 |
| IBM  结账扫描机 | 90 000 | 58 | 1989 | 4 900 000 | $55 | 1 600 |
| Windows 1.0 的 Microsoft Word 版本 | 249 000 | 55 | 1989 | 8 500 000* | $34 | 4 500 |
| NASA SEL 软件工程实验室项目 | 249 000 | 24 | 2002 | 3 700 000* | $15 | 10 000 |
| Lotus 123 v. 3 | 400 000 | 263 | 1989 | 36 000 000 | $90 | 1 500 |
| Microsoft Excel 3.0 | 649 000 | 50× | 1990 | 7 700 000 | $12 | 13 000 |
| 花旗银行取款机 | 780 000 | 150 | 1989 | 22 000 000 | $28 | 5 200 |
| Windows NT 3.1（第一版） | 2 880 000 | 2 000× | 1994 | 200 000 000 | $70 | 1 400 |
| 航天飞机 | 25 600 000 | 22 096 | 1989 | 2 000 000 000 | $77 | 1 200 |

资料来源："Chief Programmer Team Management of Production Programming" (Baker 1972), "Microsoft Corporation: Office Business Unit" (Iansiti 1994), "How to Break the Software Logjam" (Schlender 1989), "Software Engineering Laboratory (SEL) Relationships，Models，and Management Rules" (NASA，1991). Microsoft Secrets (Cusumano and Selby 1995)

在同一行业内，生产率仍然可能存在显著差异。比如 Microsoft Excel 3.0 生成代码的速度大约是 Lotus 123 v 的 10 倍，尽管这两个项目都试图构建类似的软件产品，并且在相同的年代进行项目软件开发。

即使在同一组织内，由于规模不经济效应和其他因素，生产率仍然可能有所不同。例如，Microsoft Windows NT 项目生成代码的速度比其他 Microsoft 项目慢得多，既因为它是一个系统软件项目而不是应用程序软件项目，也因为它的规模要大得多。

在表 19-1 中，按照每个人年的代码行来计算，生产率最低的是航天飞机软件，但是就凭这个就把这个软件开发团队描述为生产率低下绝对是错误的做法。对于这种规模的项目，彻底失败的几率超过 50%（Jones 1998）。这个项目最终圆满完成了，这本身就已经是一个了不起的成就。尽管航天飞机软件的规模是 Windows NT 项目的 10 倍，但它的生产率只比 Windows NT 项目低 15%，这可算得上是骄人的成绩。

如果没有组织中生产率的相关历史数据，那么你可以使用不同类型软件的行业平均数据来对你的生产率做近似估算，不同类型包括内部业务系统、关系生命安全的系统、游戏、设备驱动程序等。但是要注意，同一行业中不同组织之间的生产率差异可能达到 10 倍。如果确实有关于组织自身历史生产率的数据，那么应该优先使用这些数据来将你的规模估算转换为工作量估算，而不是使用行业平均数据。

## 19.2　根据规模计算工作量

从规模估算来计算工作量估算，这里我们将开始遇到估算的艺术的一些短处，于是我们需要更多依赖于估算的科学。

### 通过与过去项目做非正式比较来计算工作量估算

如果历史数据是和当前项目范围差别不大的项目（例如，项目彼此之间范围从小到大相差不过 3 倍），那么使用线性模型基于以前类似项目的工作量结果来计算新项目的工作量估算可能是相对安全的。表 19-2 显示了以前项目数据的一个例子，可以基于这些数据进行当前项目估算。

表 19-2　以前项目的生产率，其中一些可以作为工作量估算基础的示例

| 项目 | 规模（LOC） | 时间（日历月） | 工作量（人月） | 生产率（LOC/人月） | 解释 |
|------|------|------|------|------|------|
| 项目 A | 33 842 | 8.2 | 21 | 1 612 | |
| 项目 B | 97 614 | 12.5 | 99 | 986 | |
| 项目 C | 7 444 | 4.7 | 2 | 3 722 | 不能使用——规模太小无法用于比较 |
| 项目 D | 54 322 | 11.3 | 40 | 1 358 | |
| 项目 E | 340 343 | 24.0 | 533 | 639 | 不能使用——规模太大无法用于比较 |

假设你正在估算一个新的商业系统的工作量，并且已经估算了该新软件的规模为 6.5 万到 10 万行 Java 代码，其中最可能的规模是 8 万行代码。表中项目 C 太小，无法用于比较，因为它小于当前项目范围低端的三分之一。项目 E 太大了，无法比较，因为它是当前项目范围上限的 3 倍以上。因此，相关的历史生产率范围是每个人月 986 LOC（项目 B）到每个人月 1612 LOC（项目 A）。将项目规模范围的最低端除以最高生产率，得到 40 个人月的最低工作量估算。再将规模范围的最高端除以最低生产率，可以得到 101 个人月的高估算值。于是，估算的工作量是 40 到 101 个人月。

一个良好的工作的假设是估算范围包括 68% 的可能结果（也即是 ±1 个标准偏差，除非你有足够理由做其他假设）。还可以翻回去参考表 10-6 中"基于标准偏差的置信百分比"来考虑 40 到 101 个人月的估算范围可能包括的其他概率。

### 在这个估算中包含哪些工作？

因为你正在使用历史数据来创建这个估算，这意味着当前估算也包含了历史数据中包含的所有工作。如果历史数据只包含开发和测试的工作，并且只包含从需求到系统测试的项目部分，那么这也是当前估算所会包含的内容。如果历史数据还包括需求、项目管理和用户文档的工作，那么这也是当前估算会包含的工作内容。

原则上，基于行业平均数据的估算通常包括所有技术工作，但不包括管理工作，也不包含需求工作，是除开这两者之外的所有开发工作。在实践中，用于计算行业平均数据的数据并不总是遵循这些假设，这也是行业平均数据变化如此之大的部分原因。

## 19.3　利用估算科学计算工作量估算

较之与以往项目做非正式比较的方法，估算的科学产生的结果有几分差异。如果将相同的假设输入 Construx Estimate（即使用表 19-2 中列出的历史数据来校准估算），你将得到 80 个人月的期望估算结果，这处于之前非正式比较方法所产生的范围的中间部分。Construx Estimate 还会给出 65 个人月的最佳情况估算（20% 置信）和 94 个人月的最差情况估算（80% 置信）。

当用行业平均数据而不是历史数据来校准 Construx Estimate 时，它会产生 84 个人月的期望估算值，和置信度 20%～80% 范围为 47 到 216 个人月的估算，这是一个更大的范围。这也再次强调了尽可能使用历史数据的益处。

 **#85**　使用基于估算科学的软件工具，从规模估算中最准确地计算工作量估算。

## 19.4　行业平均工作量图

如果没有自己的历史数据，你可以使用一个工作量图来查找工作量的粗略估算，如图 19-1 到图 19-9 所示。图中靠下方粗一些的曲线表示在行业平均生产率水平上项目的全部技术工作量（包括开发、质量保证和测试工作）。上面的黑色曲线表示比平均工作量高一个标准偏差的工作量水平。图中没有给出比平均值低一个标准偏差的工作量曲线。如果没有自己的历史数据，并且正在使用这些工作量图表，那么这个做法本身就标志着你的开发组织最多处于业内平均水平。谨慎的估算实践会要求项目假定为行业平均生产率或更低的生产率。

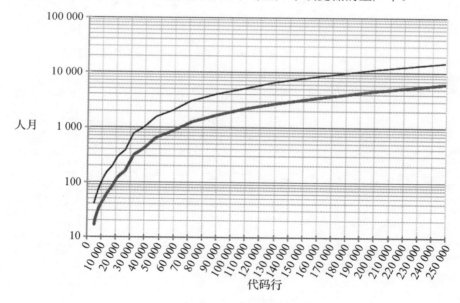

**图 19-1　实时项目的行业平均工作量**

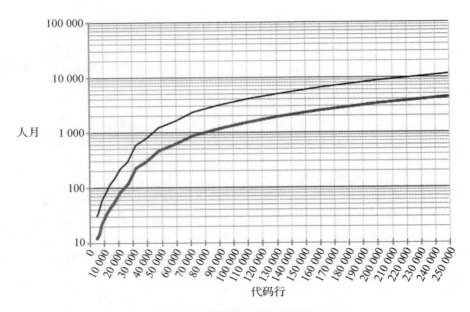

图 19-2    嵌入式系统项目的行业平均工作量

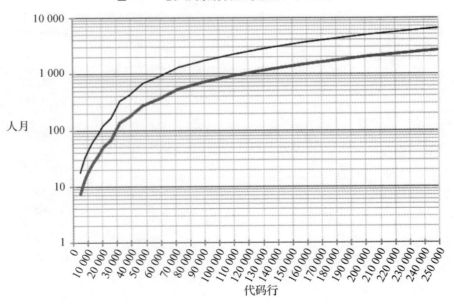

图 19-3    电信项目的行业平均工作量

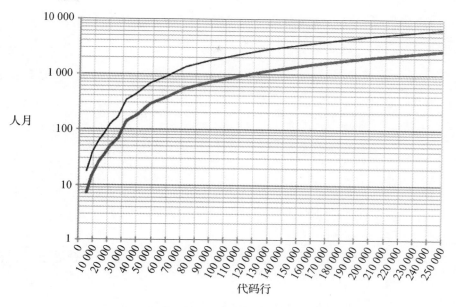

图 19-4　系统软件和驱动程序项目的行业平均工作量

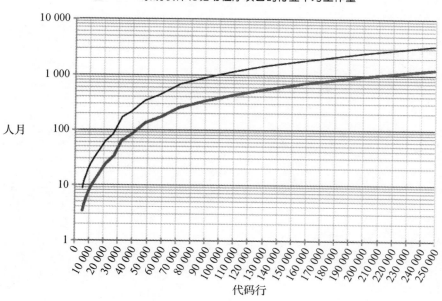

图 19-5　科学系统和工程研究项目的行业平均工作量

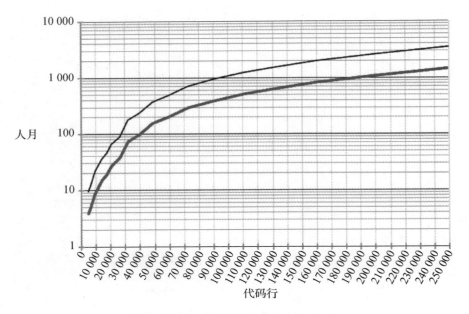

图 19-6　商业零售和套装软件项目的行业平均工作量

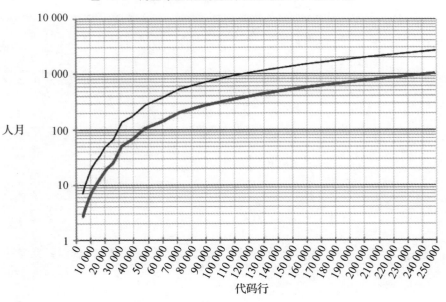

图 19-7　公共互联网系统项目的行业平均工作量

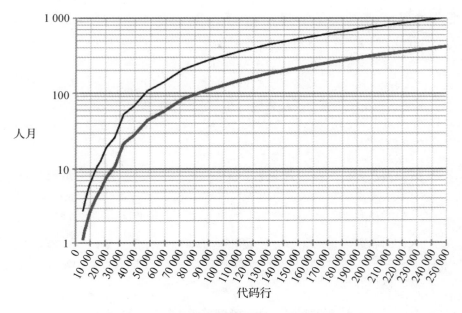

图 19-8　内部内联网项目的行业平均工作量

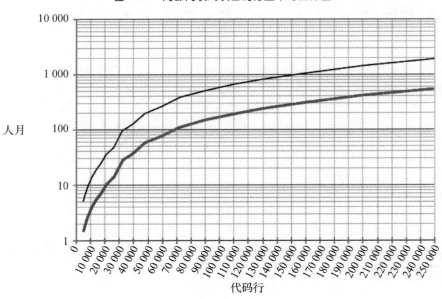

图 19-9　商业系统项目的行业平均工作量

这些图显示的是多达 25 万行代码的项目规模,其中一些图的最大工作量超过 10 000 个人月。对于这种规模的项目,需要认识到使用更强大和更准确的估算实践可以轻松地改进项目计划, 从而足以为项目节省数十万美元。估算大师琼斯(Capers Jones)经常发表这样的见解,如果使用手工方法来估算超过 1000 功能点或 10 万行代码的项目会引入显著误差,如果未使用成熟的估算软件工作来估算超过 5000 功能点或 50 万行代码的项目会造成管理弊端(Jones 1994,Jones 2005)。

这些图表背后涉及的数学是相当复杂的, 所以本书中没有给出其背后的公式。图上的工作量数值是用对数尺度来表示的。100 上方的第一条横线表示 200,上方第二行表示 300,1000 上方的第一行表示 2000,以此类推。

这些图看起来彼此相似,但是如果仔细检查特定的数据点,你就会发现它们有很多差异。例如,比较 10 万行代码的工作量平均的数值和高一个标准偏差的数值,你将看到每张图估算的人月工作量差别很大。

使用行业平均工作量图,我们可以重新估算第 19.2 节中开头的示例。这是一个商业系统项目,估算有 6.5 万~10 万行代码的规模。根据图 19-9,一个 65 000 LOC 的商业系统的平均工作量大约是 85 个人月。10 万 LOC 系统的平均工作量大约为 170 个人月。如果我们必须使用上面那条高一个标准偏差的线而不是平均线,估算结果是将有 300~600 个人月。

#86    在不确定性锥形较宽的部分,使用行业平均工作量图来获得粗略的工作量估算。对于规模较大的项目,请记住,使用更强大的估算技术会更经济划算。

## 19.5    ISBSG 方法

国际软件基准比对标准组织(ISBSG)基于三个因素为计算工作量开发了一种有趣且有用的方法,这三个因素是以功能点表示的项目规模、开发环境的类型和最大团队规模(ISBSG 2005)。根据项目类型,可以使用下面八个公式中的方法来估算工作量。这些公式以人月为单位估算,假设每个人月有 132 个专心投入项目的小时(即不包括休假、节假日、培训日、公司会议等)。第一个通用公式是一个普遍适用于所有项目类型的公式,该公式基于大约 600 个项目的校准数据。而其他公式则根据 63 至 363 个项目的数据进行过校准。

项目类型：通用

$$人月 = 0.512 \times 功能点^{0.392} \times 最大团队规模^{0.791}$$

项目类型：大型主机

$$人月 = 0.685 \times 功能点^{0.507} \times 最大团队规模^{0.464}$$

项目类型：中端

$$人月 = 0.472 \times 功能点^{0.375} \times 最大团队规模^{0.882}$$

项目类型：桌面

$$人月 = 0.157 \times 功能点^{0.591} \times 最大团队规模^{0.810}$$

项目类型：第三代编程语言

$$人月 = 0.425 \times 功能点^{0.488} \times 最大团队规模^{0.697}$$

项目类型：第四代编程语言

$$人月 = 0.317 \times 功能点^{0.472} \times 最大团队规模^{0.784}$$

项目类型：增强型开发

$$人月 = 0.669 \times 功能点^{0.338} \times 最大团队规模^{0.758}$$

项目类型：全新开发

$$人月 = 0.520 \times 功能点^{0.385} \times 最大团队规模^{0.866}$$

假设你正在用 Java 为桌面业务应用程序创建一个包含 1450 个功能点的工作量估算（我们在本章中一直在为同一个系统案例做估算），并且最大团队规模为 7人。桌面类型的公式计数结果显示将需要 56 个人月的工作量：

$$0.157 \times 1450^{0.591} \times 7^{0.810}$$

你也可以使用第三代编程语言公式估算出 58 个人月：

$$0.425 \times 1450^{0.488} \times 7^{0.697}$$

ISBSG 方法的一个有趣之处是，工作量的公式依赖于项目团队的最大规模，较小的团队会产生较小的总工作量估算值。如果将示例中的最大团队规模从 5 人更改为 10 人，会导致工作量估算从 43 个月变为 75 个月。从估算的角度来看，这引入了不确定性。从项目控制的角度来看，这种差异可能会促使你使用较小的团队规模，而非较大的团队规模。详情参见 20.6 节中对压缩进度和团队规模的讨论。

 **#87**  使用 ISBSG 方法来算出一个粗略的工作量估算。将它与其他方法结合起来，在不同的估算结果中寻找收敛或发散。

## 19.6  比较工作量估算结果

为了对这些估算进行现实性检验，可以在本章中找到四种不同的估算方法进行比较。

- 与过去项目做非正式的比较
- 使用估算软件
- 使用行业平均水平工作量图
- 使用 ISBSG 方法

如果将这些技术的估算范围绘制成图形，它们将如图 19-10 所示。

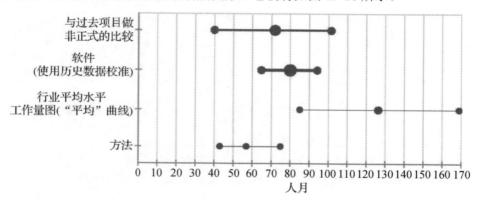

图 19-10    使用本章讨论的方法得到的估算范围。点的相对大小和线的粗细代表在这个案例中赋予每一种估算技术的重要性权重

该图所示估算范围约为 40～110 个人月。ISBSG 方法和行业平均水平工作量图都使用行业平均数据，因此与基于历史数据的方法相比，我赋予它们的权重较小。在与过去项目的非正式比较方法中，我认为以最相似（规模最接近的）的

项目应该赋予最大权重。

考虑到所有因素，在这种情况下，我在正式展示中会给出 65 到 100 个人月的估算范围，期望结果是 80 个人月。你可能认为期望结果应该落在 65 到 100 的正中间，但是由于 1.4 节中讨论的问题，工作量通常会落到范围偏低端的位置上。

（术）**#88**　在同一个项目中，并不是所有估算方法的现实性都是平等的。在寻找估算结果之间的收敛或分散时，要赋予更高权重去考虑那些易于产生最准确结果的技术。

# 更多资源

Boehm, Barry, et al. *Software Cost Estimation with Cocomo II*. Reading, MA: Addison-Wesley, 2000. 此书中描述了 Cocomo II 估算模型，并提供了将代码行中的规模估算转换为工作量的公式。请记住有关"控制旋钮"的警告。

ISBSG. *Practical Project Estimation, 2nd Edition: A Toolkit for Estimating Software Development Effort and Duration*. Victoria, Australia: 国际软件基准比对标准组织，2005 年 2 月. 这本书包含许多有用的公式来基于规模估算来计算工作量估算。它包括样本规模和 r 平方值，可以使用它们来评估其公式的有效性。

Putnam, Lawrence H. and Ware Myers. *Measures for Excellence: Reliable Software On Time, Within Budget*. Englewood Cliffs, NJ: Yourdon, 1992. 本书中描述的普特兰（Putnam）模型将代码行的规模估算转换为工作量。

# 第 20 章

# 估算进度的具体问题

| 本章技术的适用性 | | | | |
|---|---|---|---|---|
| | 时间进度基本方程 | 与过去项目做非正式比较 | 琼斯的一阶估算实践 | 软件估算工具 |
| 估算对象 | 进度 | 进度 | 进度 | 进度 |
| 项目规模 | - 中 大 | 小 中 大 | - 中 大 | - 中 大 |
| 开发阶段 | 早期 | 早期 | 早期 | 早期 |
| 串行或迭代开发风格 | 串行 | 均可 | 串行 | 均可 |
| 可能达到的准确性 | 中 | 中 | 低 | 高 |

客户最后期限、展会最后期限、季节性销售周期最后期限、规章制度最后期限和其他以日期为界的最后期限，种种对最后期限的要求似乎给项目进度计划带来了很大的估算压力。看上去进度估算是估算讨论中最热门的话题。

但是，具有讽刺意味的是，一旦从基于直觉的估算方法切换到基于历史数据的估算方法，进度估算其实就变成了一个简单的计算，它的输入来自于规模和工作量的估算。如果诗人艾略特（T. S. Eliot）也写过关于软件的诗，他可能会写下这样的词句：[1]

> 估算就是如此终结
> 估算就是如此终结
> 估算就是如此终结
> 不是砰的一声，而是一声呜咽

---

[1] 译者注：作者改编自诗歌《空心人》的末尾部分。

## 20.1    时间进度基本方程

一个经验法则是，可以在项目的早期使用基本的时间进度方程来估算进度：

$$时间（月）= 3.0 \times 人月^{1/3}$$

以防万一，担心你的数学有点生疏了，这里还是解释一下，方程的 1/3 次方等于工作量（人月）取立方根。

有时，3.0 是 2.0、2.5、3.5、4.0 或其他类似的倍数，但是时间进度是工作量的立方根函数这一基本思想几乎被估算专家所普遍接受。具体倍数可以通过用组织的历史数据校准得到。鲍伊姆（Barry Boehm）在 1981 年发表评论说，这个公式是软件工程中最反复验证的结果之一（Boehm 1981）。在过去的几十年里，对该时间进度方程的更多分析始终证实了它的有效性（Boehm 2000，Stutzke 2005）。

为了使用这个方程，假设估算得出需要 80 个人月的工作量来完成项目。根据这个公式所使用的系数 2.0 到 4.0 倍不等，可以计算出时间进度估算范围为 8.6 到 17.2 个月。期望时间进度为（$3.0 \times 80^{1/3}$），即 12.9 个月。（我并不建议使用这样的数值精确度来向他人正式展示估算进度，我把它留在这里是为了便于显示计算结果而已）

**#89**    在中型到大型项目的早期使用时间进度基本方程来估算进度。

用这个时间进度基本方程可以对不确定性锥性所蕴含的意义有一些有趣的解释，如图 20-1 中右边纵轴上的数字所显示的。

时间进度方程是图 20-1 中工作量的不确定性范围比时间进度的不确定性范围更宽的原因。工作量与范围成比例地增加，而时间进度与工作量的立方根成比例地增加。

时间进度方程所隐含的假设是，组织能够调整该项目的团队规模来适应该方程计算结果所需的人员配置。如果团队规模是固定不变的，那么时间进度将不会随着范围的立方根的变化而变化，它将根据团队规模的限制而变化。20.7 节将更详细地讨论这个问题。

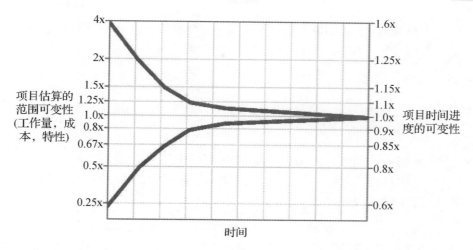

图 20-1　不确定性锥形，包括右边纵轴上的时间进度变化。时间进度的可变性远远低于范围可变性，因为进度是范围的立方根函数

基本时间进度方程也不适用于估算小项目或者较大项目的后期阶段。如果在项目中已经到了知道具体工作人员是谁的阶段，就应该切换到其他一些更精细的估算技术。

## 20.2　通过与过去项目的非正式比较来计算进度

罗伊特哲伊姆（William Roetzheim）建议根据过去项目的进度和工作量的比率来估算新项目的进度（Roetzheim 1988，Stutzke 2005）。我们将继续使用第 19 章中使用过的项目来作为示例，这些项目在表 20-1 中重复列出，以供参考。

表 20-1　过去项目的工作量和时间进度，可以作为未来项目估算时间进度的基础的示例

| 项目 | 规模（LOC） | 时间（日历月） | 工作量（人月） | 生产率（LOC/人月） | 解释 |
|---|---|---|---|---|---|
| 项目 A | 33 842 | 8.2 | 21 | 1 612 | |
| 项目 B | 97 614 | 12.5 | 99 | 986 | |
| 项目 C | 7 444 | 4.7 | 2 | 3 722 | 不能使用，规模太小无法用于比较 |
| 项目 D | 54 322 | 11.3 | 40 | 1 358 | |
| 项目 E | 340 343 | 24.0 | 533 | 639 | 不能使用，规模太大无法用于比较 |

罗伊特哲伊姆（Roetzheim）建议通过使用与过去项目的非正式比较来估算进度（月），公式如下：

$$估算进度 = 过去项目进度 \times （估算工作量/过去项目工作量）^{1/3}$$

1/3 的指数用于本书所称作中型到大型的项目（超过 50 个人月）。对于较小的项目，则应该使用 1/2 的指数。

根据第 19 章估算出 65 至 100 个人月的工作量范围以及最可能情况下估算的 80 个人月的工作量，通过代入以上公式，可以得到表 20-2 所示根据过去项目的估算进度。

表 20-2    通过与过去项目的非正式比较计算进度估算的例子

| 历史数据 | | | 估算 | | |
|---|---|---|---|---|---|
| 项目 | 过去项目进度（日历月） | 过去项目工作量（人月） | 最低估算（以 65 人月工作量计算） | 期望估算（以 80 人月工作量计算） | 最高估算（以 100 人月工作量计算） |
| 项目 A | 8.2 | 21 | 12.0 | 12.8 | 13.8 |
| 项目 B | 12.5 | 99 | 10.8 | 11.6 | 12.5 |
| 项目 D | 11.3 | 40 | 13.2 | 14.2 | 15.3 |

使用前面的计算公式可以产生 10.8～15.3 个月的最佳情况（时间最短）到最差情况。我通过简单地对表中的三个期望估算值求平均值来计算期望情况下的估算。通过对表中的最低估算和最高估算求平均值来计算范围的高低端。这些计算产生的期望时间进度为 12.9 个月，范围为 12.0～13.9 个月。

 **#90**    在小到大的项目中，都可以用与过去项目的非正式比较公式来估算早期的进度。

## 20.3    琼斯的一阶估算实践

如果项目中有一个功能点计数，就可以使用琼斯（Capers Jones）提出的一阶估算实践（Jones 1996）来直接从功能点计算出一个粗略的时间进度估算。为了使用这个实践，首先需要将所在项目的功能点总数对应到表 20-3 中选择适当的幂次方数值。表中的平均幂次方数值来源于琼斯对几千个项目的分析。我添加了更好和更差的近似指数来表示生产率性能的变化。

表 20-3　用功能点计算时间进度的幂次方数值

| 软件种类 | 更好 | 平均 | 更差 |
|---|---|---|---|
| 面向对象的软件 | 0.33 | 0.36 | 0.39 |
| 客户端-服务器软件 | 0.34 | 0.37 | 0.40 |
| 商业系统，内部内联网系统 | 0.36 | 0.39 | 0.42 |
| 商业零售软件，科学系统，工程系统，公共互联网系统 | 0.37 | 0.40 | 0.43 |
| 嵌入式系统，电信，设备驱动，系统软件 | 0.38 | 0.41 | 0.44 |

资料来源：改编自 *Determining Software Schedules*(Jones 1995c)和 *Estimating Software Costs* （Jones 1996）

如果之前估算项目的功能点总数为 1 450，并且在一个生产率为平均水平的商业系统组织中工作，那么需要在计算中使用 1 450 个功能点的 0.39 次方（$1\,450^{0.39}$），从而得到一个结果为 17 个日历月的粗略的结果。如果你在一流的商业系统组织中工作，计算将使用 1 450 的 0.36 次方，进度估算结果为 14 个月。如果正在开发面向对象的商业系统，那么面向对象软件的指数将提供 11 到 17 个月的进度范围。因此，实际的时间进度很可能在 11 至 17 个月。

当然，这种方法不能替代更细致的进度估算，但是为了获得一个粗略的进度估算，这个实践确实提供了一种比直觉性猜测更好的简单方法。它还可以提供快捷便利的现实性检验。如果你想在 9 个月内开发 1 450 个功能点的业务系统，那么劝你三思而后行。行业中生产效率最高水平一流的软件组织也需要 11 到 14 个月的时间进度才能完成这个工作量，而大多数组织并非已经达到了业界一流水平。琼斯的一阶估算实践允许你及早知道是否需要调整特性集期望、时间进度期望，或者两者都需要调整期望。

**#91**　使用琼斯的一阶估算实践在项目早期产生一个低准确度（但也花费非常少工作量）的进度估算。

## 20.4　利用估算科学计算进度估算

归根到底来讲，估算的艺术并不能很好地作为最后一步来得到一个准确的进度估算。影响时间进度的相关因素太多，因而造成时间进度的变化太大。计算进度最简单、最准确的方法是使用 Construx Estimate 这样的软件工具。①

---

① 可以从 *www.construx.com/estimate* 免费下载 Construx Estimate 估算软件。

当我们使用 Construx Estimate 软件来计算以上案例中的进度估算会得到什么结果？如果我们使用第 19 章中提供的历史工作量和进度数据来校准 Construx Estimate，该软件工作计算出的进度估算为 12.2 个日历月，20%～80%可能性的范围为 11.6～12.9 个月。用行业平均数据来校准该软件，期望估算值是 15.8 个月，范围是 13.2～21.5 个月！

使用历史数据和行业平均数据计算的期望值和范围之间的差异再次说明了使用历史数据的益处。

## 20.5　进度压缩和尽可能短的进度

在计算了期望进度之后，经常会出现这样的问题："如果需要，我们可以在多大程度上缩短进度？"答案取决于项目所需要交付的特性集是否可以灵活处理。如果特性可以被砍掉，那么进度当然可以尽可能地缩短，这取决于你是否愿意删掉一些特性。如果砍掉一些特性，项目相当于在更短的时间内做更少的工作，这是合理的。

如果特性集不是灵活的，那么缩短进度就依赖于增加人员配置在更短的时间内完成更多的工作，这在一定程度上也是合理的。

在过去的几十年里，许多估算研究人员已经研究了压缩期望进度的影响。图 20-2 总结了他们的调查研究结果。

图上的横轴表示期望估算进度和压缩/扩展进度之间的比例关系。该轴上的 0.9 表示一个被压缩了的进度，它占用的时间是原期望估算进度的 0.9 倍（即期望估算进度的 90%）。纵轴表示压缩或扩展进度情况下所需的总工作量与期望进度下所需的工作量相比的比值。纵轴上的值为 1.3，表示压缩进度后所需要的总工作量是原期望进度所需工作量的 1.3 倍。

从图 20-2 可以得出几个结论。

**缩短期望估算进度将增加总开发工作量**　　所有研究人员都得出这样的结论，缩短期望估算进度将增加总开发工作量。如果一个由 7 个开发人员组成的团队的期望估算进度是 12 个月，那么不能仅仅依靠使用 12 个开发人员就将进度减少到 7 个月。

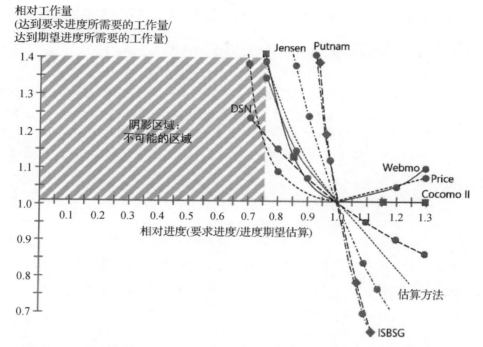

资料来源：改编扩展自*Software Sizing and Estimating：MK II*(Symons 1991)，*Software Cost Estimation with Cocomo II*(Boehm et al 2000)，"*Estimating Web Development Costs：There Are Differences*"(Reifer 2002)和*Practical Project Estimation*，第2版(ISBSG 2005)

图 20-2　压缩或扩展期望估算进度的效果，以及不可能的区域。所有的研究人员都发现，进度可以被压缩的程度是有上限的

更短的进度需要更多的工作量，原因如下。

- 较大的团队需要更多的协调和管理开销。
- 团队规模更大会引入更多的沟通路径，这将增加更多的错误沟通几率，从而导致更多的错误，而这些错误随后必须加以纠正。研究观察得到，在尽可能短的进度执行过程也是产生最高错误率的时间段（Putnam and Myers 2003）。
- 较短的进度常常要求项目并行地完成更多的工作。交叠的工作越多，一项工作不完整或有缺陷还成为另一项工作所依赖的基础的可能性就越大，之后更改的可能性也越大，这些将增加必须执行的返工次数。

专家们一致认为，压缩进度会增加工作量，这确实是一个不争的事实，虽然对于进度减少所带来的工作量增加程度，不同专家的发现有所不同。进度和工作量之间的具体权衡将在第 20.6 节中讨论。

 **#92   不要在不增加工作量的情况下缩短进度估算。**

**有一个无法战胜的"不可能的区域"**    如果 8 个人能在 10 个月内写成一个软件程序，那么 80 个人能在 1 个月内写完成同样的程序吗？ 1 600 人能 1 天就写成这个程序吗？在这些例子中，极端压缩进度的无效性是显而易见的。最后的 1 600 人工作 1 天当然是荒谬的，而且毫无置疑的是这种荒谬性很容易被人们认可。

较之这种荒谬的极端例子，为项目找到进度压缩并非那么极端的的极限值是一个非常微妙的问题，但是所有的研究人员都得出这样的结论：确实存在一个不可能的区域，一旦超过这个区域的边界，一个期望估算进度就不能再被压缩。一般而言，研究人员的共识是，从期望估算上压缩超过 25%的进度是不可能的。

如图 20-2 所示，对于一个特定规模的项目，在某个点上开发进度不能再被缩短。想要达到超过这个点的进度压缩，并不能通过努力工作，也不能靠更聪明地工作，也不能通过寻找创造性的解决方案或扩大团队来解决，因为这个程度的进度压缩根本就做不到（Symons 1991，Boehm 2000，Putnam and Myers 2003）。

 **#93   不要把一个期望进度缩短超过 25%。换句话说，不要把估算放在不可能的范围内。**

**如果减少团队规模，将进度扩展到超过期望进度通常会减少总工作量**    专家通常会得出这样的结论：如果减少团队规模，将进度扩展到超过期望进度通常会减少总工作量，原因与缩短进度会增加工作量的原因相同。更长的进度允许项目使用更小的团队，而小团队减少了沟通和协调问题。更小的团队还减少了活动之间的重叠，从而在缺陷污染其他工作并导致更多的返工之前，团队就能和当前开发工作"同步"修复更多的缺陷。

为了在延长的进度中减少工作量，必须缩小实际团队规模。如果只是简单地将相同的人员分配到相同的项目中，而不是减少团队中的人数，那么可能会使事情变得更糟，而不是更好，正如第 3.1 节中讨论过的问题。

 **#94   通过延长进度和使用更小的团队进行项目来降低成本。**

## 20.6　进度和工作量之间的权衡

普特兰（Lawrence Putnam）的估算模型为进度压缩和扩展提供了一些经验法则，如表 20-4 所示。

表 20-4　在工作量和进度之间进行权衡的推荐数值

| 进度压缩/扩展 | 工作量增加/减少 |
| --- | --- |
| −15% | +100% |
| −10% | +50% |
| −5% | +25% |
| 期望值 | 0% |
| +10% | −30% |
| +20% | −50% |
| +30% | −65% |
| 大于 30% | 实际不可行 |

资料来源：改编自 *Measures for Excellence* 中的数据(Putnam and Myers 1992)。

普特兰警告说，将进度延长 30%以上可能会引入各种各样拉低效率的影响，进而增加项目成本。

一些人批评普特兰的模型夸大了进度压缩和扩展的效果，但是国际软件基准比对标准组织（ISBSG）2005 年的数据得出了非常相似的结果（ISBSG 2005）。

### 进度压缩和团队规模

即使避免了不可能的区域，但是试图将进度压缩到期望值之下的缺陷之一是，可能会将团队规模增加到规模经济效应有效范围的最大值之上。普特兰（Lawrence Putnam）对中型商业系统的团队规模、进度和生产率之间的关系进行了令人惊叹的研究。图 20-3 显示了他的结果（Putnam and Myers 2003）。

普特兰审查了大约 500 个商业项目，这些项目的代码行数在 35 000 到 95 000 行之间，平均为 57 000 行。他根据开发团队的规模将这些项目分成 5 组。组与组之间项目的平均规模差别都在 3000 LOC 之内。普特兰发现，随着团队规模从 1.5～3 增加到 3～5，项目进度缩短，工作量增加，这是我们所能预料到的。随着团队规模从 3～5 增加到 5～7，进度继续减少，工作量继续增加。但是当团队规模从 5～7 增加到 9～11 时，项目进度和工作量都增加了。当团队规模增加到 15～20 人时，进度几乎保持不变，但工作量却有显著增加。

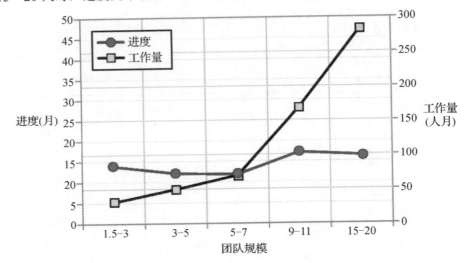

图 20-3　规模约为 57 000 代码行的商业系统项目中团队规模、进度和工作量之间的关系。图中对 5～7 以上团队规模，工作量和进度都会增加

我怀疑（仅仅是基于我自己的判断）普特兰的数据表明软件的规模不经济不是一个平滑的、递增的函数，而更像是一个阶跃函数，在特定的规模上会陡然出现很大的惩罚。

普特兰还没有将他的发现推广到其他类型的软件项目或其他规模的软件项目，但是对于中等规模的商业系统领域，这是一个非常重要的发现：5～7 人的团队规模对于中等规模的商业系统项目来说似乎是经济上最优的。更大的团队规模，进度和工作量都会出现恶化。

 #95　对于中等规模的商业系统项目（35 000～100 000 行代码），避免将团队规模增加到 7 人以上。

## 20.7　进度估算和人员配置限制

名义上，可以使用工作量估算除以时间进度来计算团队的平均规模。如果已经为一个工作量为 80 个人月的项目估算了 12 个月的时间进度，那么你的平均团队规模就是工作量除以进度，80 除以 12，也就是 6 到 7 个团队成员。

在本章中产生的进度估算为特定工作量级别的项目产生了期望名义上的进度。这些技术假设，无论期望名义上的进度是多少，项目都能够调整其团队规模来适应这个进度所需要的人员配置级别。如果你真的能够将平均 6 到 7 个人放入本章所估算的项目中，那么你应该能够在项目中实现 80 人月和 12 个日历月的工作量和进度估算组合。

如果假设你只有 4 个人来做这个项目呢？如果在项目中已经开始分派具体任务，又该怎么办？如果你有 10 个人，每个人有三分之二的可分配时间呢？ 如果团队成员已经全部就位，不需要任何准备时间就能开始工作，又该怎么办？本章的公式并没有考虑到这些因素：本章这些公式都属于宏观估算技术，只适用于中到大型项目的早期阶段。

中型和大型项目通常会经历从项目开始到项目中期团队成员数量逐步上升，以及在最后阶段中团队成员数量会逐步降低。一个中等规模的项目可能在全程平均团队规模为 15 人，但是这个项目可能从 5 人开始，以 20 人的团队规模达到峰值，最后项目收尾时以 10 人结束。

而较小的项目更经常使用"扁平化的人员配置"——即从第一天开始一直持续到项目结束，人员配置都是整个团队。如果你的进度估算是 12 个月，但是根据人员的可用性的计划显示，你实际上需要花费 15 个月来完成 80 个人月的工作量，那么这个基于人员配置限制的计划应该优先于最初的进度估算。

在这一章中，进度估算的目的不是预测精确到天的最终项目时间计划，而是为你的进度相关的计划提供一个完整性检查。一旦使用了这样的进度估算来确保你的项目计划是合理的，更详细的项目规划考虑事项（例如谁在什么时候可用）将优先于本章所描述的初始进度估算。

#96　使用进度估算来确保你的计划是可信的。使用详细的项目规划来产生最终的时间进度。

## 20.8　不同进度估算方法的结果比较

下面是我们在本章中使用的五种进度估算方法。

- 时间进度基本方程

- 与以往项目的非正式比较公式
- Jones 的一阶估算实践
- 软件估算工具用行业平均数据校准
- 软件估算工具用历史数据校准

图 20-4 以图形化的方式显示了这些不同的进度估算是如何比较的。

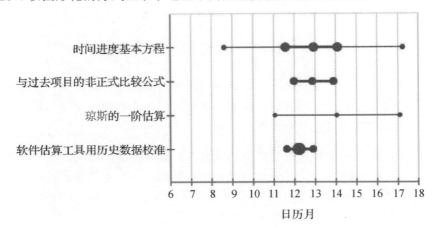

图 20-4    本章讨论的方法得到的进度估算范围。点的相对大小和线的粗细代表我给每个估算结果
赋予的权重。查看所有估算，包括没有充分依据的估算，这些结果之间隐藏了这些估算
之间的真正收敛性

乍一看，本例中的进度估算的收敛性似乎并不太理想。可以进行的一项改进措施是用时间进度基本方程调整图中最上面那条线。图 20-4 所示的总范围是基本调度方程中 2.0～4.0 范围内的系数。如果你回顾历史数据，你可以估算这个系数实际上应该在什么变化范围。本章示例中过去项目的系数范围仅为 2.7～3.7，用这个系数范围将时间进度基本方程产生的进度范围缩小到 11.6～14.1 个月。

在这种情况下，我将再次对 Construx Estimate 软件产生的估算值赋予重要的权重，因为它是一种估算的科学方法，更重要的是，它基于历史数据做了校准。接下来，我会对时间进度基本方程和与过去项目的非正式比较公式也赋予较重的权重。如果我已经有其他更好的数据，我不会把琼斯的一阶估算实践方法作为首选。

图 20-5 显示了当我们删除过于通用的数据后进度估算的收敛性。

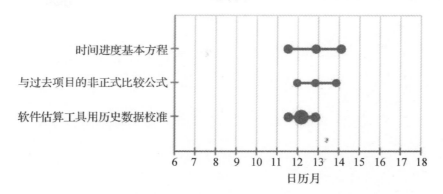

图 20-5　由最准确的方法产生的进度估算范围。一旦删除过于通用的方法所产生的估算，估算的
　　　　 收敛性就变得很明显

基于这种收敛性，我将给出 11.5～14 个月的估算范围，并且我可能不会提供该范围内的单点估算期望情况。本章中的进度估算技术都是适用于不确定性锥形宽部的早期技术，因此，在项目的早期阶段不提供单点期望值通常也是可以接受的。

 **#97**　在多个估算结果之间寻找收敛性或发散性之前，从你的估算数据集中先删除过于通用的估算技术所产生的结果。

# 更多资源

Putnam, Lawrence H. and Ware Myers. *Five Core Metrics*. New York, NY: Dorset House, 2003．第 11 章详细介绍了中型商业系统项目中团队规模超过 7 人后在生产效率上的惩罚。

Stutzke, Richard D. *Estimating Software-Intensive Systems*. Upper Saddle River, NJ: Addison-Wesley, 2005．作者提供了更多的方法来估算进度，其中大多数比本章描述的技术有更多数学相关内容。

# 第 21 章

# 估算项目规划参数

项目估算和项目规划之间的界限是广泛而模糊的。项目需要估算大量的规划参数，包括为构建、测试、需求和设计分配多少工作量，每个开发人员应该对应多少测试人员，在一个日历周或一个日历月中期望投入特定项目的工作小时数，风险缓冲应设为多大，以及许多其他项目规划所需要的数据。

当一个项目达到本章所讨论的规划级别时，项目规划的目标往往与估算的目标是对立的。例如，一旦估算了下项目所需要的风险缓冲区的规模，从那时起，项目风险管理规划的目的就是最小化实际使用的风险缓冲区的规模，这么做本质上是为了让该估算失效。

对于项目规划参数的估算至少算是纯粹的估算：精细粒度的目标设置和精细粒度的估算活动之间的相互作用应该是既频繁又高度迭代的。在这种情况下，估算的目标是确保项目的初始规划是现实的。一旦保证了规划的现实性，从这时起，项目就应该以规划和控制为主而不是以估算为主。

简而言之，项目规划强调"如何"进行项目，而估算强调需要规划"多少"数量，这是本章的重点。

## 21.1  估算项目中的活动分解

一个重要的项目规划决策是为需求、架构、构建、系统测试和管理的活动各分配多少工作量。无论项目是串行的还是迭代的，都需要做出这个决策。换句话说，这个问题不是在项目的阶段上分配多少时间，而是在执行活动时为每项活动分配多少工作量。

## 估算对不同技术活动的工作分配

请注意，在第 19 章中开始于第 19.2 节的案例中，描述了汇总（未分解）的工作量估算，例子中的总工作量形成了本节中所做的活动分配的基础。

表 21-1 列出了项目分配给架构、构建和系统测试这些基本活动的估算工作量占总工作量的百分比（KLOC 代表"1000 行代码"）。由于第 5 章中所描述的规模不经济效应，分配给每个活动的工作量比例取决于项目的规模大小。需求和管理工作通常作为特殊的案例另外处理，后面会对其进行讨论。

表 21-1    不同规模的项目中大致的技术工作量分解

| | 活动 | | |
|---|---|---|---|
| 项目规模 | 架构 | 构建 | 系统测试 |
| 1 KLOC | 11% | 70% | 19% |
| 25 KLOC | 16% | 57% | 27% |
| 125 KLOC | 18% | 53% | 29% |
| 500 KLOC | 19% | 44% | 37% |

资料来源：Albrecht 1979; Boehm 1981; Glass 1982; Boehm HYPERLINK "file:///C:/Users/rdeng/OneDrive%20-%20Polycom, %20Inc/Downloads/BBL0182.html"，HYPERLINK "file:///C:/Users/rdeng/OneDrive%20-%20Polycom, %20Inc/Downloads/BBL0182.html" Gray HYPERLINK "file:///C:/Users/rdeng/OneDrive%20-%20Polycom, %20Inc/Downloads/BBL0182.html"，HYPERLINK "file:///C:/Users/rdeng/OneDrive%20-%20Polycom, %20Inc/Downloads/BBL0182.html" and Seewaldt 1984; Boddie 1987; Card 1987; Grady 1987; McGarry，Waligora，and McDermott 1989; Putnam and Myers 1992; Brooks 1995; Jones 1998; Jones 2000; Boehm et al HYPERLINK "file:///C:/Users/rdeng/OneDrive%20-%20Polycom, %20Inc/Downloads/BBL0146.html"，HYPERLINK "file:///C:/Users/rdeng/OneDrive%20-%20Polycom, %20Inc/Downloads/BBL0146.html" 2000; Putnam and Myers 2003; Boehm and Turner 2004; Stutzke 2005

表 21-1 中列出的条目是近似的结果。活动分解还依赖于项目使用的具体技术实践、使用的生命周期模型、质量保证工作的有效性，以及许多其他影响因素。最后，你应该根据组织的历史数据开发适用于自己项目的工作量分解表。在此之前，可以使用表 21-1 作为起点，然后使用表 21-5 中提供的因素来调整对特定类型项目的估算。

## 估算需求的工作量

表 21-1 不包括分配给需求的工作量。如果你基于行业平均生产率数据来创建项目的工作量估算，那么通常的假设也是该行业数据不包括需求活动。（然而，这个假设并不总是正确的，这也是行业平均数据变化如此之大的原因之一。）

如果你使用组织或项目自身的历史数据来创建估算，你的估算可能包含也可能不包含需求数据，这取决于你所使用的历史数据是否包含需求数据。

估算模型，包括 Cocomo II 和普特兰模型，一般都假设它们所产生的针对"主要构建活动"的整体估算中不包含需求工作。一个原因是，较之其他活动的百分比，需求工作的百分比变化性更大。一个项目可以快速地浏览需求，只泛泛地定义非常松散的大型需求集，之后再花费非常巨大的工作量来实现软件。或者项目也可以在前期投入更多的时间并定义出一个小而精的高质量需求集合，这将在实现软件时花费更少的工作量。

考虑到这些注意事项，表 21-2 列出了在不同规模的项目中，为需求工作规划的大致比例。你可以将表中工作量的百分比添加到基本工作量估算中，以计算总的技术工作量，其中也包括需求工作。

表 21-2　不同规模的项目中大致的需求工作量比例

| 项目规模 | （需求）为基本工作量增加的比例 |
| --- | --- |
| 1 KLOC | 5% |
| 25 KLOC | 5% |
| 125 KLOC | 8% |
| 500 KLOC | 10% |

资料来源：同表 21-1

## 估算管理工作

与需求工作量一样，一般整体的工作量估算并不包括管理工作，除非你使用自己的历史数据，而且历史数据中包含了管理工作。表 21-3 列出了不同规模项目中管理工作的大致比例。与需求工作一样，你可以将表中管理工作的工作量的百分比添加到基本工作量估算中，以计算总的技术工作量。

表 21-3　不同规模的项目中大致的管理工作量比例

| 项目规模 | （管理）为表 21-1 中基本工作量增加的比例（不包括需求的工作量） |
|---|---|
| 1 KLOC | 10% |
| 25 KLOC | 12% |
| 125 KLOC | 14% |
| 500 KLOC | 17% |

资料来源：同表 21-1

## 估算所有活动

为了便于计算，表 21-4 列出了不同规模的项目中应该分配给需求、架构、构建、系统测试和管理的工作量百分比。当你校准同时包含需求和管理工作的整体工作量估算时，此表非常有用。

表 21-4　不同规模的项目中所有工作的分解比例

| 项目规模 | 活动 | | | | |
|---|---|---|---|---|---|
| | 需求 | 架构 | 构建 | 系统测试 | 管理 |
| 1 KLOC | 4% | 10% | 61% | 16% | 9% |
| 25 KLOC | 4% | 14% | 49% | 23% | 10% |
| 125 KLOC | 7% | 15% | 44% | 23% | 11% |
| 500 KLOC | 8% | 15% | 35% | 29% | 13% |

资料来源：同表 21-1

## 根据项目类型进行调整

正如第 5 章所讨论的，项目的类型会影响项目的总体工作量。项目类型还会影响分配给不同活动的工作量的百分比。表 21-5 列出了基于正在进行的项目类型，你应该对期望活动百分比估算进行的调整。

表 21-5　根据项目类型对项目活动的比重进行大致的调整

| 活动 | 商业系统和内部内联网系统 | 嵌入式系统、电信、设备驱动程序和系统软件 | 商业零售软件、科学系统、工程系统和公共互联网系统 |
|---|---|---|---|
| 需求 | -3% | +20% | -20% |
| 架构 | -7% | +10% | -5% |
| 构建 | +5% | -10% | +2% |

续表

| 活动 | 商业系统，内部内联网系统 | 嵌入式系统，电信，设备驱动程序，系统软件 | 商业零售软件，科学系统，工程系统，公共互联网系统 |
|---|---|---|---|
| 系统测试 | -7% | +6% | +9% |
| 管理 | +3% | +3% | -15% |

资料来源：Putnam and Myers 1992; Jones 1998; Jones 2000; Boehm et al

网址为"file:///C:/Users/rdeng/OneDrive%20-%20Polycom, %20Inc/Downloads/BBL0146.html",

网址为"file:///C:/Users/rdeng/OneDrive%20-%20Polycom, %20Inc/Downloads/BBL0146.html" 2000;

Putnam and Myers 2003; Boehm and Turner 2004; Stutzke 2005.

**#98**　当为项目中不同的活动中分配工作量时，需要考虑项目规模、项目类型以及用于创建初始整体估算的校准数据中所包含的工作量类型。

## 为活动分配工作量的示例

假设你正在开发一个商业系统，估算该系统将包含大约 80000 行代码（1450 个功能点），总共需要 80 个人月的工作量。表 21-1 提供了规模为 25 KLOC 和 125 KLOC 的项目中，基本技术活动分解的百分比。当前项目规模为 80KLOC，大约位于这两种规模的中间，因此我们将使用表中 25 和 125 KLOC 条目的平均值。根据这些百分比，你需要将 17% 的工作量分配给架构（即 13.6 个人月），55% 的工作量分配给构建（44.0 个人月），28% 的工作量分配给系统测试（22.4 个人月）。表 21-2 建议为需求工作在基本技术工作量上再添加 6.5%（即 5.2 个人月），表 21-3 建议为项目管理工作在基本技术工作量上再添加 13%（10.4 个人月）。然后，表 21-6 显示了如何将基本工作量分配与商业系统项目的调整因素相乘，以计算最终的活动分配工作量估算。

表 21-6　根据项目类型来调整期望分配的工作量（示例）

| 活动 | 期望分配工作量（人月） | 商业系统调整因素 | 最终分配工作量（人月） | 最终占比 |
|---|---|---|---|---|
| 需求 | 5.2 | -3% | 5.0 | 5% |
| 架构 | 13.6 | -7% | 12.6 | 13% |
| 构建 | 44.0 | +5% | 46.6 | 49% |
| 系统测试 | 22.4 | -7% | 20.8 | 22% |
| 管理 | 10.4 | +3% | 10.7 | 11% |
| 总计 | 95.6 | - | 95.7 | 100% |

在本例中，期望分配工作量估算数和最终分配工作量估算数的总和为 95.6 和

95.7 个人月。在这些计算中，由于调整因素的舍入误差，这两个总数有时并不完全相同。

需要认识到的是，这些分配到不同活动阶段的工作量只是近似的估算结果。但它们是项目规划中非常有用的起点。一旦估算使项目进入正确的规划活动领域，详细的项目规划考虑应该优先于这些初始估算结果。

### 开发人员与测试人员的比例

项目规划中，有一个常见的问题是"开发人员与测试人员的比例应该是多少？"表 21-7 列出了一些常见比例。

表 21-7   开发人员与测试人员比例的示例

| 环境 | 常见的开发人员与测试人员的比例 |
| --- | --- |
| 常见商业系统（内部内联网、管理信息系统等） | 3：1 到 20：1（通常根本不需要测试专家） |
| 常见消费系统（公共互联网、商业零售软件等） | 1：1 到 5：1 |
| 科学与工程项目 | 5：1 到 20：1（通常根本不需要测试专家） |
| 常见系统项目 | 1：1 到 5：1 |
| 关系安全的系统 | 5：1 到 1：2 |
| Microsoft Windows 2000 | 1：2 |
| NASA 航天飞机飞行控制软件 | 1：10 |

这张表中的数据是基于我和我的公司在过去 10 年中对合作组织的观察。

从表中的数据可以看出，即使在特定类型的软件中，开发人员与测试人员的比例也有很大的差异。这是可以解释的，因为具体比例在一个特定的公司或项目中才能发挥最好的效果，这个比例的选定取决于多个具体因素：项目的开发风格、被测试的具体软件的复杂性、新旧代码的比例、测试人员与开发人员的技能水平比较、测试自动化的程度以及众多其他因素。

最终，制定开发人员与测试人员的比例更多地取决于项目规划而不是项目估算，也就是说，它更多地依赖于你认为应该做什么，而不是你预测将要做什么。

## 21.2   估算不同活动的进度

在一个项目中，与前一节提及的工作量分配类似，为不同的活动和阶段分配日历时间更倾向于依赖项目规划相关的判断，而不是项目估算。表 21-8 列出了不同规模的项目中核心技术活动的大致时间分配。如果表中的估算数值没有表示为范围，也许你会觉得更方便。但这些活动的日程往往会受到各种因素的影响，比如具体人员何时就位、他们工作在当前项目和他们的其他职责之间的碎片化程度以及其他影响因素。因此，进度分解比工作量分解受制于更多可变性的影响。

表 21-8　不同规模的项目中的大致进度分解

| 项目规模 | 活动 | | |
| --- | --- | --- | --- |
| | 架构 | 构建 | 系统测试 |
| 1 KLOC | 15%～25% | 50%～65% | 15%～20% |
| 25 KLOC | 15%～30% | 50%～60% | 20%～25% |
| 125 KLOC | 20%～35% | 45%～55% | 20%～30% |
| 500 KLOC | 20%～40% | 40%～55% | 20%～35% |

资料来源: Boehm 1981; Putnam and Myers 1992; Boehm et al. "file:///C:/Users/rdeng/OneDrive%20-%20Polycom, %20Inc/Downloads/BBL0146.html", "file:///C:/Users/rdeng/OneDrive%20-%20Polycom, %20Inc/Downloads/BBL0146.html" 2000; Putnam and Myers 2003; Stutzke 2005.

与工作量一样，需求活动的时间通常被估算为基本进度估算的附加部分。表 21-9 列出了为需求工作向基本进度添加的时间量。

表 21-9　为不同规模的项目添加需求的大致时间量

| 项目规模 | 为了需求添加的时间量 |
| --- | --- |
| 1 KLOC | 10%～16% |
| 25 KLOC | 12%～20% |
| 125 KLOC | 13%～22% |
| 500 KLOC | 24%～30% |

资料来源: Boehm 1981; Putnam and Myers 1992; Boehm et al. "file:///C:/Users/rdeng/OneDrive%20-%20Polycom, %20Inc/Downloads/BBL0146.html", "file:///C:/Users/rdeng/OneDrive%20-%20Polycom, %20Inc/Downloads/BBL0146.html" 2000; Putnam and Myers 2003; Stutzke 2005.

如果项目是高度迭代的，那么将在每个迭代中分配时间。如果项目更偏向串行，那么将在整个项目阶段对时间进度进行分配。

 #99　在为不同的活动分配进度时，要考虑项目的规模、类型和开发方法。

与分配工作量一样，当你拥有自己的历史数据时，为活动分配进度是最容易的。

## 21.3    将估算工作量（理想工作量）转为规划工作量

工作量估算通常用"人月""人日"或类似的术语来表示。这样的工作量估算表示理想的工作量，其中每个工作量月对应一个日历月。

科恩（Mike Cohn）将理想时间和计划时间之间的差异描述为类似于美式橄榄球比赛中比赛时间和挂钟时间之间的差异（Cohen 2006）。正常的美式橄榄球比赛在比赛钟上会持续 60 分钟。在挂钟上，一场比赛却可能持续 2～4 个小时。

类似，软件项目规划人员不应该假设一个人可以在一个日历月的时间内完成一个人月的工作量。一个理想的"工作量月"可能会被休假、节假日或培训等稀释，它还有可能被分解并投入多个项目或受到其他因素的影响。

在考虑如何将理想的工作量转化为规划的工作量时，应该考虑以下因素。

- 用于创建工作量估算的校准数据中包含哪些工作？它们是否包括管理、需求和测试工作或者仅仅是开发工作？包括加班吗？请记住，在校准数据中加入的任何假设都将直接流入被估算的工作量中。
- 项目的人员被分配在几个项目中？如果一个程序员被分配到两个项目中，那么理想中集中于项目一个月的工作量实际完成可能需要两个或多个日历月的时间。
- 校准数据是否包括休假、节假日、病假、培训时间、贸易展支持、客户支持、对正在生产的系统的支持，等等？如果没有，估算的工作量转换为规划的工作量时，需要考虑到这些活动对工作量的稀释作用。

这些影响因素在不同组织中有显著差异。如果你在一个创业公司中工作，其中的团队可以全神贯注于单个项目，那么你可能可以假设每周有 40 到 50 个小时专注于项目的时间。我曾见过一家公司能达到这样的专注程度，公司中团队成员动力十足激情万丈，团队规模很小，团队成员都很年轻且几乎不用操心家庭，该公司还提供了丰厚的财务激励，并且工作环境中没有太多繁文缛节或公司事务性活动。

如果在一个大型的成熟组织中工作，一般会有各种频繁的公司事务性会议，并且大多数人每周工作大约 40 个小时，那么你可能需要假定每个人每周只有 20 到 30 个小时的时间专注于项目上，并且这些时间还有可能分散在 2 个或更多的项目中。

关于员工平均每天能够专注于特定项目的时间,研究报告各不相同。琼斯(Capers Jones)报告说,技术人员平均每天将大约 6 个小时的项目关注时间投入到他们被分配的项目中,即每月 132 个小时(Jones 1998)。Cocomo II 模型假设每个月有 152 小时的项目关注时间(Boehm et al . 2000)。具体的小时数根据组织的具体情况会有很大的差异,因此再次强调,如果可能的话,你应该根据组织的过去记录来得到自己的数据。

本章末尾的"更多资源"一节提供了关于本规划主题的更多参考信息。

# 21.4　成本估算

估算成本在名义上是一个基于工作量的简单函数。然而,许多因素使成本估算的推导呈复杂化的趋势。

### 加班

贵公司是否允许无偿加班?如果是这样,估算工作量的其中一部分可能不会贡献给成本估算。贵公司是否雇佣小时工或加班费较高的外包人员?如果是这样,一些估算工作量可能会比平均水平贡献更多开销给成本估算。

### 项目成本是基于直接成本,完全负担成本,还是其他形式的成本?

一些组织将项目成本建立在员工的"直接成本"之上,"直接成本"是直接归因于特定员工的成本(工资、工资税和福利等)。其他组织将项目成本建立在"负担成本"的基础上,包括不直接归因于特定员工的企业管理费用(租金、公司税、人力资源成本、销售、市场营销等)。根据组织的规模、不可计费的基础设施数量、办公空间成本以及其他因素,这些负担成本占员工工资的百分比可能在 30%～125%甚至更高。

### 其他直接成本

一些项目还会产生差旅费、专用开发工具费用、硬件费用和其他特定费用。这些同样也需要列入成本估算。

本章末尾的"更多资源"一节提供了关于本主题的更多参考信息。

## 21.5    估算软件缺陷的产生和消除

软件项目中所产生的缺陷数量是工作量和项目规模的函数，基于这两种数据就可以估算产生的缺陷数量。当项目规划需要多少工作量来消除这些缺陷时，知道项目可能会产生多少缺陷是非常有用的信息。

琼斯（Capers Jones）提供了一种基于程序以功能点表示的规模来估算产生的缺陷数量的方法（Jones 2000）。如表 21-10 所示，琼斯的数据表明，一个典型的项目平均每个功能点会产生 5 个缺陷。这相当于每 1000 行代码中约有 50 个缺陷的水平（当然这也取决于所使用的编程语言）。

表 21-10    项目中各种活动的典型缺陷产生率

| 活动 | 平均缺陷产生率 |
| --- | --- |
| 需求 | 1  缺陷/功能点 |
| 架构 | 1.25  缺陷/功能点 |
| 构建 | 1.75  缺陷/功能点 |
| 文档 | 0.60  缺陷/功能点 |
| 错误的修复 | 0.40  缺陷/功能点 |
| 总计 | 5.0  缺陷/功能点 |

导致软件规模不经济效应的其中一个因素是，更大规模的项目每行代码容易产生更多的缺陷，这就需要更多的缺陷修正工作量，从而增加了项目成本。表 21-11 给出了基于项目规模的缺陷密度。

表 21-11    项目规模和缺陷密度

| 项目规模（代码行） | 典型缺陷密度 |
| --- | --- |
| 小于 2K | 平均每 1000 行代码  0～25  缺陷 |
| 2K～16K | 平均每 1000 行代码  0～40  缺陷 |
| 16K～64K | 平均每 1000 行代码  0.5～50  缺陷 |
| 64K～512K | 平均每 1000 行代码  2～70  缺陷 |
| 512K 或更大 | 平均每 1000 行代码  4～100  缺陷 |

资料来源："Program Quality and Programmer Productivity" (Jones 1977), *Estimating Software Costs* (Jones 1998)

项目所产生的缺陷在行业平均范围中的变化超过 10 倍。为了估算当前项目产生的缺陷，使用过去项目缺陷率的历史数据将得到更准确的估算结果。

 **#100**　使用行业平均数据或历史数据来估算项目将产生的缺陷数量。

表 21-12　缺陷消除率

| 缺陷消除技术 | 最低比例 | 中等比例 | 最高比例 |
| --- | --- | --- | --- |
| 非正式设计评审 | 25% | 35% | 40% |
| 正式设计评审 | 45% | 55% | 65% |
| 非正式代码评审 | 20% | 25% | 35% |
| 正式代码评审 | 45% | 60% | 70% |
| 建模或原型 | 35% | 65% | 80% |
| 个人桌面代码检查 | 20% | 40% | 60% |
| 单元测试 | 15% | 30% | 50% |
| 新功能（组件）测试 | 20% | 30% | 35% |
| 集成测试 | 25% | 35% | 40% |
| 回归测试 | 15% | 25% | 30% |
| 系统测试 | 25% | 40% | 55% |
| 低容量 beta 测试（<10 个站点） | 25% | 35% | 40% |
| 高容量 beta 测试（>100 个站点） | 60% | 75% | 85% |

资料来源：改编自 *Programming Productivity* (Jones 1986a)，"Software Defect-Removal Efficiency" (Jones 1996)和"What We Have Learned About Fighting Defects" (Shull et al 2002)

## 一个估算缺陷消除效率的例子

结合产生缺陷产品和消除缺陷表中的信息，可以估算发布时软件中仍然存在多少个缺陷。当然，根据项目的具体质量目标，这还可以帮助项目评估特定的消除措施实际消除的缺陷是多还是少。

假设你有一个 1000 个功能点的系统。使用表 21-10 中琼斯提供的数据，可以估算出这个项目总共会产生 5000 个缺陷。表 21-13 显示了如何使用典型的缺陷消除措施来消除这些缺陷，这些措施包括代码的个人桌面代码检查、单元测试、集成测试、系统测试和低容量 beta 测试。

在软件发布之前，这些典型的缺陷消除措施预计会从软件中消除约 84% 的缺陷，这是软件行业的近似平均水平（Jones 2000）。本书多次提到结果的精确度问题，这里也一样，由于计算中使用的基础数据精确度并不高，表中计算得到的具体行业平均水平只是近似结果。

表 21-13    典型的缺陷插入和缺陷消除示例（假设为一个 1 000 个功能点的系统）

| 活动 | 对缺陷的影响 | 截至该活动项目<br>产生的缺陷总数 | 仍然剩余缺陷数量 |
|---|---|---|---|
| 需求 | +1000 个缺陷 | 1 000 | 1 000 |
| 架构 | +1250 个缺陷 | 2 250 | 2 250 |
| 构建 | +1750 个缺陷 | 4 000 | 4 000 |
| 个人桌面代码检查 | −40% | 4 000 | 2 400 |
| 文档 | +600 个缺陷 | 4 600 | 3 000 |
| 单元测试 | −30% | 4 600 | 2 100 |
| 集成测试 | −35% | 4 600 | 1 365 |
| 系统测试 | −40% | 4 600 | 819 |
| 错误的修复 | +400 个缺陷 | 5 000 | 1 219 |
| 低容量 beta 测试 | −35% | 5 000 | 792 |
| 在软件发布时剩余的缺陷 | −84% | 5 000 | 792（16%） |

表 21-14 展示了行业中水平最高的组织如何规划消除缺陷。

表 21-14    业内水平最高的组织中缺陷插入和缺陷消除示例（假设为一个 1 000 个功能点的系统）

| 活动 | 对缺陷的影响 | 截至该活动项目<br>产生的缺陷总数 | 仍然剩余缺陷数量 |
|---|---|---|---|
| 需求 | +1000 个缺陷 | 1 000 | 1 000 |
| 需求原型 | −65% | 1 000 | 350 |
| 架构 | +1250 个缺陷 | 2 250 | 1 600 |
| 正式设计检查 | −55% | 2 250 | 720 |
| 构建 | +1750 个缺陷 | 4 000 | 2 470 |
| 文档 | +600 个缺陷 | 4 600 | 3 070 |
| 个人桌面代码检查 | −40% | 4 600 | 1 842 |
| 单元测试 | −30% | 4 600 | 1 289 |
| 集成测试 | −35% | 4 600 | 838 |
| 系统测试 | −40% | 4 600 | 503 |
| 错误的修复 | +400 defects<br>+400 个缺陷 | 5 000 | 903 |
| 高容量 beta 测试 | −75% | 5 000 | 226 |
| 软件发布时剩余的缺陷 | −95% | 5 000 | 226（5%） |

这个例子同样假设项目团队将产生 5000 个缺陷。但是缺陷消除措施将包括需求

原型、正式设计检查、个人桌面代码检查、单元测试、集成测试、系统测试和
高容量 beta 测试。正如表中的数据所示，在软件发布之前，估算结果显示这些
消除措施的组合能消除大约 95%的缺陷。与前面的例子一样，226 个缺陷这个具
体的估算结果的精确度高于计算中所使用的基础数据的精确度，所以表中计算
只是近似结果而已。

 **#101**　使用缺陷消除率数据来估算在软件发布之前，你的质量保证措施将从项目软件
中消除的缺陷数量。

普特兰（Lawrence Putnam）为缺陷消除提供了两条额外的经验法则。如果希望
让项目的可靠性从 95%提高到 99%，你需要在"主要构建活动"部分计划增加
25%的时间。如果还想让项目可靠性从 99%提高到 99.9%，你需要计划再增加
25%的时间（Putnam and Myers 2003）。（在普特兰的术语中，"可靠性"和"软
件发布之前的缺陷消除"是同义词。）

关于质量属性的进一步估算是一个非常依赖于估算科学的复杂主题。本章末尾
的"更多资源"一节描述了在哪里可以找到更多相关信息。

## 21.6　估算风险和应急缓冲

就直觉而言，我们都知道高风险的项目应该为风险应急提供更大的缓冲，而低
风险的项目可以使用更小的缓冲。但是一个项目的缓冲区到底应该规划多大呢？

风险通常基于其严重性（或影响）和发生概率进行分析。表 21-15 显示了项目风
险表的一个示例，包括风险的概率、严重程度和风险承担。

表 21-15　项目进度风险列表示例

| 风险 | 概率 | 严重程度和进度 | 风险承担和进度 |
|------|------|----------------|----------------|
| #1 | 5% | 15 周 | 0.75 周 |
| #2 | 25% | 2 周 | 0.5 周 |
| #3 | 25% | 8 周 | 2 周 |
| #4 | 50% | 2 周 | 1 周 |
| 总计 RE | | – | 4.25 周 |

风险的严重程度乘以它的概率通常被称为风险承担，或者 RE。从统计学上讲，
RE 是风险的"期望值"，或者是项目因其风险而预先为项目进度添加的数量。

对于表 21-15 所列的风险，由于项目的风险，项目的基本进度应该增加 4.25 周作为缓冲区。项目有 50%的可能性会增加进度多于 4.25 周，50%的可能性会增加进度少于 4.25 周。

总计 RE 可以作为一个好的起点让项目定量地规划缓冲区。如果希望以更大的概率做到按时交付项目，那么应该为项目规划一个比总计 RE 更大的缓冲区。如果项目能够承受逾期超支的高风险，那么也可以规划一个比总计 RE 更小的缓冲区。

风险承担（RE）只反映了问题的一部分。在表 21-15 中，如果风险#1 或#3 同时出现，项目将冲破其 4.25 周的期望缓冲。虽然从概率意义来说，这两个风险同时发生的可能性不大，但在确定最终的应急缓冲区之前，你应该考虑具体风险的影响。

表 21-15 仅从进度风险的角度给出了风险列表。任何给定的风险也可能对项目工作量、成本、特性、质量或收益构成风险。表 21-16 显示了一个风险列表表的示例，其中包括进度、成本和收益方面的风险。

表 21-16　项目度、成本和收益风险列表示例

| 风险 | 概率 | 严重程度和进度 | 风险承担和进度 | 严重程度和成本（美元） | 风险承担和成本（美元） | 严重程度和收益（美元） | 风险承担和收益（美元） |
|---|---|---|---|---|---|---|---|
| #1 | 5% | 15 | 0.75 | 150 000 | 7 500 | 10 000 000 | 500 000 |
| #2 | 25% | 2 | 0.5 | 20 000 | 5 000 | 0 | 0 |
| #3 | 25% | 8 | 2 | 80 000 | 20 000 | 500 000 | 125 000 |
| #4 | 50% | 2 | 1 | 20 000 | 10 000 | 0 | 0 |
| 总计 RE | - | | 4.25 | - | 42 500 | - | 625 000 |

对于缓冲区的项目规划，需要针对进度、工作量、成本、特性和质量单独设置缓冲区。这些缓冲区彼此之间关联性比较松散。

请记住，严重程度和概率这两种数据都是估算出来的，总计风险承担的准确性与最初计算它的原始数据的准确性持平。

#102    将项目的总计风险承担（RE）作为缓冲区规划的起点。检查项目特定风险的细节，以了解你是否应该在项目规划中将缓冲区最终设定为大于或小于总 RE。

风险管理在项目管理中算是一个非常先进的领域，风险管理也是估算科学可以发挥重要作用的一个领域。本章最后的"更多资源"描述了在哪里可以找到关于风险估算的更多信息。

## 21.7　其他经验法则

这里有一些其他的经验法则，可以用于其他项目规划问题。

- 对于项目相关的行政管理和文书类支持活动，在基本工作量估算之上增加 5%～10%（Stutzke 2005）。
- 对于 IT 支持（实验室装置、安装新软件等），在基本工作量估算之上增加 2%～4%（Stutzke 2005）。
- 对于配置管理/构建支持，在基本工作量估算之上增加 2%～8%（Stutzke 2005）。
- 容许每月增加 1%～4%的需求活动（Jones 1998）。
- 从单个公司、单个办公园区变为多个公司、多个城市的开发，需要增加 25%的工作量（Boehm et al . 2000）。
- 从单个公司、单个办公园区变为国际外包开发，需要增加 40%的工作量（Boehm et al. 2000）。
- 对于首次采用新的编程语言和工具的开发，与使用熟悉的编程语言和工具进行类似开发相比，可以增加 20%～40%的工作量（Boehm et al. 2000）。
- 对于在新环境中进行的首次开发，与在熟悉环境中进行的相近开发相比，可以增加 20%～40%的工作量（Boehm et al. 2000）。

# 更多资源

Boehm, Barry W. *Software Engineering Economics*. Englewood Cliffs, NJ: Prentice-Hall, Inc., 1981. 虽然此版本已经被 *Software Cost Estimation with Cocomo II*（参见下一条）所取代，但是这个版本包含了关于各种活动工作量和进度分解的有趣又详细的参考表。

Boehm, Barry, et al. *Software Cost Estimation with Cocomo II*. Reading, MA: Addison-Wesley, 2000. 本书的附录 A 中描述了瀑布式项目、MBASE 项目和 Rational 统一过程项目的工作量和进度分解。表 A.10（实际上是 6 个表）提供了不同活动的工作量和进度的详细分解。

Cohn, Mike. *Agile Estimating and Planning*. Englewood Cliffs, NJ: Prentice Hall PTR, 2006. 科恩在《敏捷估算与规划》的第 5 章中很好地描述了理想工作量和规划工作量之间的区别。

DeMarco, Tom and Timothy Lister. *Waltzing with Bears: Managing Risk on Software Projects*, New York: Dorset House, 2003. 本书展示了一个关于软件风险管理的简单易懂的的介绍。

Fenton, Norman E. and Shari Lawrence Pfleeger. *Software Metrics: A Rigorous and Practical Approach.* Boston, MA: PWS Publishing Company, 1997. 本书第 10 章包含对软件可靠性估算的详细讨论。如果不喜欢带各种符号的方程式（如 α, β, Ψ, φ, λ, ∏, ∑, Γ, ∫），这本书就不适合你，因为这一章全都是这些符号。

Jones, Capers. *Estimating Software Costs.* New York: McGraw-Hill, 1998. 本书的第 14 章包含一个详细的讨论，并举例说明了不同类型的组织中成本组成是有何差异。第 21 章说明不支付加班费会如何影响成本估算。

Jones, Capers. *Software Assessments, Benchmarks, and Best Practices.* Reading, MA: Addison-Wesley, 2000. 本书提供了一些数据，这些数据是对《软件成本估算》（*Estimating Software Costs*）中提供数据的更新或扩展。

Putnam, Lawrence H. and Ware Myers. *Measures for Excellence: Reliable Software On Time.* Englewood Cliffs, NJ: Yourdon Press, 1992. 普特兰和劳伦斯（Putnam and Lawrence）为项目规划提供了许多有用的经验法则。本书的整体背景是对普特兰的估算模型的详细的数学解释。

Stutzke, Richard D. *Estimating Software-Intensive Systems.* Upper Saddle River, NJ: Addison-Wesley, 2005. 第 12 章描述了基于 Cocomo 81 和 Cocomo II 的工作量分配方法。第 15 章和第 23 章着重讨论了成本估算的详细问题。成本估算和其他与成本相关的问题是本书的主要关注点，各种与成本相关的技巧贯穿全书。12.1 节和 12.2 节讨论了工作量、持续时间和人员可用性之间的关系。

TTockey, Steve. *Return on Software.* Boston, MA: Addison-Wesley, 2005. 本书的第 15 章精彩地讨论了确定单位成本的相关内容，包括通过使用不同的成本计算方法来分配开销的方法以及与这些方法相关的风险。

#103    项目规划和项目估算息息相关，项目规划是一个很大的主题，一本软件估算的书花一章的篇幅来讨论这个主题，只能窥见一斑。请阅读更多文献，深入了解项目规划。

# 第 22 章

# 估算的展示风格

| 本章技术的适用性 | |
|---|---|
| **展示风格和估算准确度相匹配** | |
| 估算对象 | 规模，工作量，时间，特性 |
| 项目规模 | 小 中 大 |
| 开发阶段 | 早期-后期 |
| 串行或迭代开发风格 | 均可 |
| 可能达到的准确性 | 无 |

你与其他人沟通估算结果的方式会暗示估算有多准确。如果你的展示风格暗示了毫无根据的准确性，就会搬起石头砸自己的脚，引发之后围绕估算的种种艰难讨论。本章介绍了几种展示估算的方法。

## 22.1　沟通估算假设

展示估算的一个必要实践是记录估算中包含的假设。假设可以分为以下几个耳熟能详的类别。

- 需要哪些特性
- 不需要哪些特性
- 某一特性需要多复杂细致
- 关键资源的可用性
- 对第三方性能的依赖性
- 主要的未知因素
- 估算的主要影响和敏感性
- 该估算的准确度
- 该估算值的用途

图 22-1 显示了展示估算时所记录的假设的示例。通过记录和沟通你的假设，可

以帮助设定受制于可变性影响下的软件项目预期。

---

**项目估算**

估算项目基本进程为 6 个日历月，我们认为其估算准确度在 25%以内。这一估算结果可作为项目预算的基础，但不能用于外部承诺。估算是基于下列假设得到的。

1. 3 月 15 日之前 3 位关键技术负责人将被 100%分配给此项目。

2. 4 月 15 日之前所有开发和测试人员将被 100%分配给此项目。

3. 图形化子系统由软件承包商以可接受的质量水平在 8 月 1 日之前交付。

4. 不需要更新业务规则。

5. 与 FooBar 系统所需的集成程度未知。该估算为这项集成工作分配了 250 个人小时。如果需要更多的工作量，整个项目的估算需要增加。

6. 需要的新报告不会超过 5 份。

7. 与过去的项目相比，新的开发工具将提高 20%或更多的生产效率。

8. 员工请病假的天数将低于平均水平，因为项目进行中的大部分时间都是在夏季。

9. 在前面第 1 项和第 2 项所列的人员到位日期之后，员工不会被调走去支持以前版本的软件。

10. 项目能够无需修改就直接重用 2.0 版本中至少 80%的数据库代码。

如果这些假设发生变化，该估算将需要重新修订。

---

图 22-1    记录估算假设的例子

当你被迫基于你认为并不现实的假设（如图 22-1 中的假设 7～9）进行估算时，这种记录假设的方法也非常有用。可以仍然将估算继续往下做，但你也应该记录下这些假设。之后如果项目实际开展下去时使得这些假设无效，你可以返回该记录指出这些不合实际的假设来作为修订估算的基础。

 **#104    记录并沟通你的估算中所包含的假设。**

## 22.2    表达不确定性

展示估算中的关键问题是，需要记录估算的不确定性，使之既能清晰地表达结果的不确定性，也能最大化估算结果被恰当地、建设性地使用于他处的机会。本节描述了几种表达不确定性的方法。

### 正负限定符

带有正负限定符的估算，是诸如"6 个月，±2 个月"或"$600 000，+$200 000，

-$100 000"这样的表达方式。正负限定符同时指示了估算中不确定性的数量和方向。6 个月，+1/2 个月，-1/2 个月，这样的表达式暗示着估算值是非常准确的，实际结果有很大可能性落入这个估算范围。6 个月，+4 个月，-1 个月，这样的表达式暗示估算值不是很准确，实际结果符合估算结果的可能性要小一些。

当使用正负限定符表示估算值时，请考虑限定符之后数值的大小及其表达意义。一个典型的实践是使限定符之后的数值足够大，以便在核心估算值的两侧都各包含一个标准偏差。用这种方法，仍然有 16%的机会得到高于估算范围的实际结果，还有 16%的机会得到低于估算范围的结果。期望值上下各一个标准偏差得到 68%可能性覆盖范围，如果需要估算范围覆盖的可能性比这个更大，那么限定符后面需要跟上大于一个标准偏差的数值来表示范围的可变性。参见第 10 章中表 10-6"基于标准偏差的置信百分比"，其中列出了距离期望值的偏差数值和其相关概率。

一定注意考虑负号限定符之后的数值是否应该与正号限定符之后的数值相同。如果正在处理工作量或进度估算，由于 1.4 节中讨论的原因，通常负号侧的数值会比正号侧小。

正负限定符的一个缺点是，当估算结果在组织中逐级传递时，这个结果往往会被简化为只有核心估算（期望值）。很偶尔的情况下，管理人员简化这样的估算是为了故意忽略估算所隐含的可变性。而更常见的情况是，他们简化估算的原因是，他们的上级经理或公司预算系统只能接受和处理用单点数值表示的估算。如果使用这种技术，请确保将估算值转换为简化形式后剩下的单点数值在项目的各种用途中也是可以接受的。

## 风险量化

风险量化是正负限定符和传达估算假设两种方法的组合。通过风险量化，可以对特定的风险附加特定的影响，如表 22-1 所示。

这是一个相对简单的示例，只关注项目中的进度风险。一个更全面的例子可以列举工作量、特性以及进度的主要风险。请记住，这只是一种估算展示方法。该方法的目的是向非技术项目干系人沟通项目中存在风险。重点并不是向非技术项目干系人提供事无巨细的风险信息。因此，应该试着只关注那些作用于全局的、大粒度的风险。

表 22-1    估算中加入风险量化的例子

| 估算：6 个月，+5 月，-1 月 | |
| --- | --- |
| 影响 | 风险描述 |
| +1.5 月 | 与 2.0 版本相比，该版本需要增加 20% 的新特性 |
| +1 月 | 图形化子系统比计划的交付时间晚 |
| +1 月 | 新的开发工具并不像计划的那么好 |
| +1 月 | 不能直接重用以前版本 80% 的数据库代码 |
| +0.5 月 | 员工在夏季中的病假率呈全年平均水平而不是较低水平 |
| -0.5 月 | 4 月 1 日之前所有开发人员被 100% 分配给此项目（比之前计划的 4 月 15 日提前） |
| -0.5 月 | 新的开发工具比原计划工作得更理想 |

当以这种方式记录不确定性的来源时，你就向项目干系人提供了他们可以用以减少项目风险的信息，并且为今后任何风险实际发生时解释估算变更打下坚实的基础。

如果你已经深入到项目中，并已经做出了项目承诺，那么表 22-1 中列出的风险可能是实现承诺的风险，而不是估算的风险。

此示例并非显示项目中由不确定性锥性产生的项目普遍不确定性。如果你还没有做出项目承诺，那么可能还需要展示与不确定性锥性相关的不确定性。

#105    确保自己理解展示的不确定性是估算的不确定性，还是影响履行项目承诺的不确定性。

## 置信因素

关于进度，人们经常问的一个问题是"我们有多大的机会能在这个日期完成？"如果使用置信因素方法，可以通过提供一个类似于表 22-2 中的估算来回答这个问题。

表 22-2    用信心因素方法估算的例子

| 交付日期 | 在该日期或之前交付的概率 |
| --- | --- |
| 1 月 15 日 | 20% |
| 3 月 1 日 | 50% |
| 11 月 1 日 | 80% |

可以使用"最有可能"情况下的估算和表 4-1"软件开发活动中的估算误差"中的乘数来近似计算这些用于项目的适当阶段的置信区间。

正如在第 2 章中所讨论的那样，在整本书中，除非你有一个严谨的量化推导过程作为基础，否则不要轻易给出像"90%信心"这样高的百分比。

此外，请考虑是否真的需要展示低概率的估算值。一个结果有渺小的可能性，并不意味着你需要把它放在台面上来展示。对此，表示你真的会向人展示一个有 1%或 0.0001%可能性的选项吗？一般合理的估算策略只需要展示那些至少有 50%可能性的选项。

**#106**　不要向其他项目干系人展示可能性渺小的项目结果。

有些人更容易理解以可视化形式表示的数据，而不是数据列表的形式，因此也可以考虑更可视化的展示方法，如图 22-2 所示。

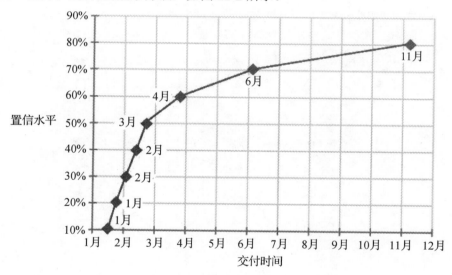

图 22-2　以一种比表更具视觉吸引力的形式显示置信百分比估算值的示例

**#107**　考虑用图形化形式替代文本来展示估算。

## 基于不同情况的估算

基于不同情况的估算是置信因素估算的一种变体方法。该方法可以展示你对最好情况、最好情况、当前情况以及项目承诺或计划情况的估算。可以使用计划情况与最好情况和最好情况之间的差距来表现项目的可变性程度和项目计划的乐观程度。如果计划的情况更接近于最佳情况，这意味着项目计划偏于乐观理想。表 22-3 显示了一个基于不同情况的估算示例。

表 22-3　基于不同情况的估算示例

| 情况 | 估算/承诺 |
| --- | --- |
| 最佳情况（估算） | 1 月 15 日 |
| 计划情况（承诺） | 3 月 1 日 |
| 当前情况（估算） | 4 月 1 日 |
| 最差情况（估算） | 11 月 1 日 |

观察这些不同日期之间的关系是很有趣的事情。如果在你的项目中，计划情况和最佳情况是相同的，而当前情况和最差情况是相同的，那么项目就有麻烦了！

如果使用这种技术，请准备好向项目干系人解释，为了实现最佳情况或陷入最差情况，项目需要发生什么样的事情。项目干系人希望了解这两种可能性。

图 22-3 提供了一个示例，说明如何以视觉化形式呈现类似信息。

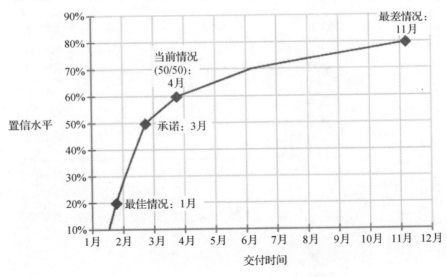

图 22-3　以可视化形式显示基于不同情况的估算的示例。

根据项目管理侧重于进度还是特性集，基于不同情况的估算可以用可交付的特性而不是日期来表示。表 22-4 显示了一个示例，展示了如何对特性进行基于不同情况的估算。

表 22-4　基于不同情况的特性估算示例

| 情况 | 估算/承诺 |
|---|---|
| 最佳情况（估算） | 100% 级别 1 特性 |
| | 100% 级别 2 特性 |
| | 100% 级别 3 特性 |
| 计划情况（承诺） | 100% 级别 1 特性 |
| | 100% 级别 2 特性 |
| | 50% 级别 3 特性 |
| 当前情况（估算） | 100% 级别 1 特性 |
| | 80% 级别 2 特性 |
| | 0% 级别 3 特性 |
| 最差情况（估算） | 100% 级别 1 特性 |
| | 20% 级别 2 特性 |
| | 0% 级别 3 特性 |

## 粗略的日期和时间段

尽量以与估算的基本准确性相一致的单位来展示你的估算。如果你的估算是粗略的，就应当使用粒度明显粗糙的数值和单位来表示，例如"我们可以在第二季度交付"或"这个项目将需要 10 个人年"，而不是容易误导别人的精确数值和单位，例如"我们将在 5 月 21 日交付"或"这个项目将需要 15 388 个人小时"。考虑使用以下时间单位：

- 年
- 季度
- 月
- 周

除了表示估算值是近似值以外，粒度粗糙的数值的优点是在简化估算值时不会丢失信息。"6 个月，+3 个月，-1 个月"这样的估算值可能被简化为"6 个月"，从而丢失很多信息。然而像"第 2 季度"这样粗粒度估算就不用担心受这种简化的影响。

当项目逐渐深入不确定性锥形时，你应该可以逐步收紧时间单位粒度。在锥形中的早期阶段，可能会以季度为单位来展示估算。之后，当项目根据单个任务的工作量创建自底向上的估算时，可能会切换到以月或周为单位，最终切换到以天为单位。

# 22.3  使用范围（任何类型）

正如贯穿全书的内容所述，范围是最准确的表示方法来反映项目不确定性锥形中处于不同时间点的估算所固有的不准确性。你可以将范围表示方法与本章描述的其他技术相结合（即用范围来表示粗略的日期和时间段，使用范围来进行风险量化估算，如此等等，但无法为使用正负限定符的表达式再加一层范围表示）。

当你展示一个估算范围时，请考虑以下问题。

- **你的范围应该覆盖多大的置信区间？** 应该包括±1 个标准偏差（68%的可能结果），还是需要覆盖更宽的范围？
- **贵公司的项目预算和报告流程会如何处理范围？** 请注意，大多公司的项目预算和报告流程通常不会接受以范围表示的估算。范围通常被简化，其原因与软件估算本身无关，而是由于诸如"公司计算预算的电子表不允许我输入一个范围"之类的原因。所以对你的上级经理日常工作中所受的限制要留心。
- **你能接受在项目中广泛使用范围的中点值吗？** 只有在很偶然的情况下，经理会发布范围的低端值来作为范围的简化。现实中更常见的情况是，在不允许经理使用一个范围的时候，他们会对高端和低端进行平均后使用这个中点值。
- **你应该展示整个估算范围，还是从期望估算值到上限值的那部分范围？** 随着时间的推移，项目规模很少会变得更小，而且估算值往往偏低。你真的需要给出从低端到高端的整个估算范围，还是应该只给出从期望估算到高端的那部分范围？
- **你能将范围的使用与其他技术相结合吗？** 你可能会考虑将估算表示为一个范围，然后列出相关假设或量化的风险。

 **#108**　使用一种估算展示风格，以强调想要传达的关于估算准确性的信息。

## 以范围表示的估算的有效性

项目干系人可能会认为，将估算呈现为一个广泛的范围会让估算变得无用。而现实情况是，将估算表示为较宽的范围这一做法准确地诠释了估算本身就是无用的！并不是展示方法让估算变得无用，而是因为估算本身的不确定性。展示估算时如果没有展现其不确定性，并不能真正从估算中去除客观存在的不确定性。你只能选择忽略其不确定性，当然这对所有人都是不利的。

软件开发人员的两个最大的专业协会——IEEE 计算机协会和计算机协会——共同决定，软件开发人员在专业上有责任在他们的估算中包含不确定性。IEEE-CS/ACM 软件工程道德规范第 3.09 条内容如下：

> 软件工程师应确保其产品和相关修改符合尽可能高的专业标准。软件工程师尤其应酌情：
>
> 3.09　确保对他们所从事或拟从事的任何项目的成本、进度、人员、质量和结果进行现实的定量估算，并对这些估算提供不确定性评估。[着重强调]

换而言之，在你的估算中包含不确定性不仅仅是一个美德，这是软件专业人员道德责任的一部分。

## 范围和承诺

有时候，当项目干系人拒绝一个估算范围时，他们实际上是在拒绝把项目承诺表示为一个范围。在这种情况下，你可以提供一个较大的估算范围，并建议由于估算中仍然存在太多的可变性，所以在现阶段并不适合做出有意义的项目承诺。

在减少了足够多的不确定性并足以得出一个承诺的时候，确实范围通常不是表达承诺的合适方式。估算范围也诠释了承诺的本质——承诺总是或多或少存在风险的——但是承诺本身通常应该用单点数值来表示。

 **#109**　不要试图把承诺用一个范围来表达。承诺必须是具体的数值。

# 更多资源

Gotterbarn, Don, Keith Miller, and Simon Rogerson. "Computer Society and ACM Approve Software Engineering Code of Ethics", IEEE 计算机，1999 年 10 月，第 84-88 页。可以从网站 www.computer.org/computer/code-of-ethics.pdf 获得。本文描述了软件工程道德规范，并提供了该规范的全文。

# 第 23 章

# 政治、谈判和解决问题

| 本章技术的适用性 | | | |
|---|---|---|---|
| | 原则谈判方法 | | |
| 估算对象 | 规模，工作量，时间，特性 | | |
| 项目规模 | 小 中 大 | | |
| 开发阶段 | 早期-后期 | | |
| 串行或迭代开发风格 | 均可 | | |
| 可能达到的准确性 | 无 | | |

几十年前，麦兹格（Philip Metzger）曾经观察到，技术人员在估算方面做得相当出色，但在为自己的估算做出辩护的方面却做得非常逊色（Metzger 1981），而且过了这么久，我也没看见多少证据表明技术人员近年来在为估算辩护这方面比几十年前有所进步。本章描述了估算难以被别人接受的原因以及帮助你与他人成功谈判协商估算的方法。

## 23.1 高管的特性

估算谈判其中一个问题来源于谈判人员的个性。技术人员大多比较内向。大约四分之三的技术人员是性格内向的，而相对而言普通人群中只有三分之一是内向的（McConnell 2004b）。大多数技术人员能与他人相处融洽，但充满挑战与质疑的社交互动并不是他们能发挥个人强项的领域。

软件谈判通常发生在技术人员和高管人员之间，或者技术人员和市场人员之间。温伯格（Gerald Weinberg）指出，市场人员和高管人员通常至少比技术人员年长 10 岁，在公司中的地位一般也高于技术人员。此外，对于他们的职位来说，谈判本来就是日常工作的一部分（Weinberg 1994）。换而言之，估算谈判往往发生在个性内向的技术人员和经验丰富的专业谈判人员之间。

有了以上前提背景，技术人员看待软件估算谈判就像在没有麻醉的情况下拔智齿一样痛苦，这也就不足为奇了。与高管的谈判确实充满挑战，造成该现象的种种影响因素在短期内不大可能改变。表 23-1 列出了其中一些影响因素。

表 23-1　软件高管的 10 大主要特征

| | |
|---|---|
| 1. | 高管们总是会问他们想要的东西。 |
| 2. | 如果一开始没有得到他们想要的东西，高管们总是会去调查并得到这些东西。 |
| 3. | 高管们通常会一直坚持调查，直到他们发觉你觉得不舒服了。 |
| 4. | 高管们并不总是知道什么是可能的，但他们知道，如果有可能，什么对企业是有益的。 |
| 5. | 高管们一般行事坚定果断。这就是当初他们成为高管的原因。 |
| 6. | 当你态度坚定果断时，高管们会尊重你。事实上，他们很自然地以为，在需要的时候，你能做到坚定果断。 |
| 7. | 高管们希望你能把公司的最大利益时刻放在心上。 |
| 8. | 高管们总是希望探索各种可能的变化，以实现最大化的商业价值。 |
| 9. | 高管们熟悉你所不了解的商业、市场和公司的相关情况，他们对项目目标的优先级排序可能与你不同。 |
| 10. | 高管们总是希望尽早得到关于项目可见性的信息和项目承诺（如果可能的话，这确实具有巨大的商业价值）。 |

在很大程度上，高管拥有这些特征是因为他们拥有这些特征对组织而言是有益的。所以不要期望这些特征会改变！

**#110**　高管的坚定果断的特征是由于自身性格和职责需要共同决定的，理解这一点，并根据这个特征来规划你的估算讨论。

也许你不太喜欢谈判，但没人说过你能 100%喜欢自己的工作。我发现，谈判并不是我最喜欢的活动，仅仅是认识到这一点，就能帮助我更加富有建设性地去执行谈判。

## 23.2　对估算的政治影响

一些非技术因素会影响管理层对软件估算的回应。

### 外部约束

在许多情况下，管理承受重要的外部影响，这些影响要求在特定的日期或以特定的成本交付软件。可能会有一个外部的、固定的截止日期（比如圣诞购物季、管控合规日期或贸易展等）。同样，一个项目的成本可能会受到竞争性投标环境的影响，在这种环境中，管理层认为，如果你的公司提交的竞标价格高于你的估算，那么公司就会竞标失败。

外部需求存在的事实并不一定意味着满足该需求是可能的。这确实意味着，你需要向与你打交道的高管特别明白无误地表示，你理解了这些需求，并且以严肃认真地态度在对待它们。

 **#111**　注意目标所受到的外部影响。需要清楚地传达你对商业需求及其重要性的理解。

## 预算和日期

对许多企业来说，交付日期往往受到季度界限的影响。很多公司是按季度来报告公司开支和收益的。有时候，较晚的日期反而比较早的日期更容易被接受，因为较早的日期有可能面对被迫进入前一个季度统计的压力。如果你建议的交付日期是 7 月 15 日，很可能面临被迫在 6 月 30 日交付的压力，也即是说，在第 2 季度而不是第 3 季度交付。如果你建议的交付日期是 9 月 15 日，由于这个日期处于第 3 季度中间的位置，你可能会发现这个晚一点的交付日期居然要比 7 月 15 日更容易获得管理层批准，因为这个交付日期将面临更少的压力被推到前一个季度末交付。对于跨越财政年度界限的日期，这种日期粘滞性往往表现得更强。

## 估算谈判 vs.承诺谈判

在某些情况下，谈判是适用的手段，而在另一些情况下，谈判并不适用。我们不应该围绕客观事实而展开谈判，诸如太阳表面温度或五大湖的总体积等事实问题。相反，我们直接搜寻查找这些事实。类似，软件估算是通过分析活动得到的客观结果，所以针对估算本身的谈判并不合理。而针对估算相关的承诺的谈判是合理的。项目中这样的相关讨论可能是这样的。

> **技术负责人**：我们估算这个项目需要 5 到 7 个月的时间。我们还处在不确定性锥形的早期，所以我们之后随着项目进行可以逐步收紧这个估算。

**高管**：5 到 7 个月的时间跨度太大了。如果我们只用 5 个月作为估算结果呢？

**技术负责人**：我们发现在这种时候区分估算和承诺非常有用。我不能改变估算结果，因为这是大量计算得出的客观结果。但如果我们都同意承担这种程度的风险，我可能会让我的团队对 5 个月的交付时间计划做出承诺。

**高管**：我觉得这像是咬文嚼字。有什么区别呢？

**技术负责人**：我们给出的 5 到 7 个月的估算范围，在 6 个月的 50/50 的期望估算值两侧各包含一个标准偏差的变化范围。这意味着我们有 84% 的机会在 7 个月内完成交付。我们的估算表明，我们只有 16% 的机会真正实现 5 个月的承诺。

**高管**：我们需要对承诺的日期有超过 50% 的信心，但 84% 又比我们需要的更保守。75% 信心的交付日期是多少？

**技术负责人**：根据我们估算的概率，大约需要 6.5 个月。

**高管**：那我们用这个作为承诺吧。

**技术负责人**：听上去不错。

许多技术人员将这样的对话当成是为自己事业制造绊脚石。根据我的经验，情况恰恰相反。如果你愿意忍受一些不舒服的对话，如果你总是把公司的最大利益放在心上，那么你就是在从事一项有助于你职业发展的行动。真正限制职业发展的做法是为那些没有得到数据支持、不切实际的项目承诺签字画押，之后这样的承诺注定无法兑现。

 **#112**　你可以为承诺谈判，但不要为估算谈判。

## 如果你的估算不被接受怎么办

开发人员和经理有时担心过高的估算会导致项目被拒绝。这没有关系。高层管理有责任和权利来决定一个项目的成本是否合理。当技术人员故意虚报低估一个项目的估算时，这种行为就歪曲了高管们做出有效决策所需要的重要信息，从而实际上是损害了高管们的决策权威。这会导致公司将资源从成本合理的项目调配到成本不合理的项目。于是好的项目没有得到足够的支持，而坏的项目反而得到了过多的支持。整个情景对公司的业务而言是非常不健康的，那些一开始就不该获批的项目，其中的参与者最后的结局往往也并不愉快。

### 技术人员有责任对非技术项目干系人进行教育

如果想要确保软件项目的成功，需要教育你的非技术项目干系人，让他们了解，专横武断地削减成本和压缩进度估算而不去削减相应需要的工作量是会付出代价的。告诉他们关于不确定性锥性的知识，以及估算、目标和承诺之间的差异。根据我的经验，非技术项目干系人如果一心想为组织做最有益的事情，往往还是非常容易接受这些理念的。

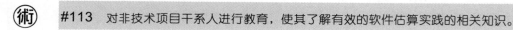

**#113**　对非技术项目干系人进行教育，使其了解有效的软件估算实践的相关知识。

除了对非技术项目干系人进行软件方面的教育外，对你自己也需要教育，你需要去了解更多关于商业目标、优先级和敏感性的知识，这些将有助于估算相关的讨论能尽可能以建设性的方式展开。

## 23.3　问题的解决和原则谈判方法

我在 1996 年出版的《快速开发》（*Rapid Development*）一书中，将估算讨论描述为"谈判"。随着时间的流逝，对于围绕成本、进度和功能估算所进行的讨论而言，我越来越不相信谈判是看待此类讨论最具建设性的方式。

谈判涉及利益冲突竞争的各方。谈判的关键问题是要在两个或两个以上的党派之间分割一张馅饼。在对抗性的谈判中，每一方都试图尽可能多地分走这个馅饼，而一方分到饼的每一小块都是以另一方牺牲掉一小块作为代价的。在合作谈判中，各方都想办法把馅饼做得更大，但最终，这张饼还是会被各方瓜分。

在软件谈判中，并没有馅饼可以分。当技术人员与销售人员、市场人员或高管们谈判时，我们都站在同一条战线上，属于同一个党派。没有"他们赢了，我们输了"这样的胜负，而是"我们都赢了"或"我们都输了"的结果。我们的利益是一样的。我们要么为软件项目的成功奠下基础，这对每个人来说都是成功的结果，要么为项目的失败创造条件，这对每个人来说都是失败的结果。因此，我再也看不到关于软件估算的讨论中正在谈判什么。

对于技术人员、销售人员、市场人员、高管和其他项目干系人之间的讨论，一个更好的模型是以协同合作的方式解决问题。我们一起工作，分享我们在不同领域的专业知识，并共同创建一个最终将为企业的最大利益而工作的解决方案。

 **#114**    将估算讨论视为解决问题，而不是谈判。认识到所有项目干系人都站在同一条战线上。要么每个人都赢，要么每个人都输。

一旦我们这些技术人员认识到我们正在解决问题，我们就会建立起一个建设性的思维框架，在这个框架中讨论目标、估算和承诺。现在的关键是如何让其他项目干系人也进入这种思维框架。

## 谈判中解决问题的方法

即使我们明白我们正在解决问题，与我们讨论估算的人可能仍然认为他们在谈判。人们有很多不同的谈判方式。有些谈判策略是基于讨价还价的优势，恐吓，友谊，获得批准或讨好的愿望。有些策略则依赖于欺骗或其他巧妙的心理策略。

由于估算讨论往往在估算、目标、承诺和计划这几个主题之间徘徊，因此不能将讨论简单地归类为纯粹的谈判或纯粹的问题解决过程。你通常会发现自己仿佛在同时参与解决问题和谈判。

在谈判和解决问题之间架起桥梁解决二者之间分歧的一个好策略是《达成共识》（*Getting to Yes*，Fisher and Ury 1991）中描述的原则谈判方法。该方法虽然被称为谈判，但是其中的参与者被视为问题解决者。这种方法不依赖于谈判技巧，它还解释了当别人使用谈判技巧时应该如何应对。它的基础是创造双赢的可选方案。这个方法只有在你使用它的时候才能生效，当对方也在使用它的时候效果会更好。

该策略包括四个部分。
- 把人与问题分开。
- 关注利益，而不是立场。
- 创造互惠互利的选项。
- 坚持使用客观标准。

下面每段将描述其中的一个部分。

## 把人与问题分开

估算讨论首先涉及到人，其次是利益和立场。当项目干系人的意见不一致时——例如，技术人员和市场人员意见不一致——人和人之间的个性差异可能会阻碍讨论。

首先要了解对方的立场。经理们可能会被组织过时的政策所困。一些组织用与软件开发方式本质上并不兼容的方式来资助软件项目。这些组织可能不允许经理们仅仅为了开发需求和项目规划并提出一个好的项目估算而要求为项目提供一部分资金。为了获得足够的资金来做一个有意义的估算，经理们必须为整个项目申请获得资金。等他们得到一个有意义的估算时，再回去要求申请适当的资金额度可能会让他们感到尴尬，甚至直接威胁到他们的职业生涯。这些组织的高层人员需要更好地理解软件估算，以便他们能够建立支持有效软件开发的项目资助流程。

在这些讨论中，你可以把自己当作软件估算的顾问，从而避免让自己陷入敌对的角色。请注意把讨论的焦点不断拉回到对业务最有利的问题上。

试着从谈判中去掉个人情绪，这也是有用的。有时候，最简单的方法就是让别人发泄一通。不要对他们的情绪做出情绪化的反应。邀请他们充分表达自己的意思。你可以这样说："我知道这些都是严重的问题，我想确保我理解我们公司的立场。关于我们的业务情况，你还能告诉我些什么？"当他们解释完之后，告诉他们你已接收到这些信息，并重申你的承诺，以求找到一个对你所在的组织有益的解决方案。原则谈判方法的其他部分将帮助你为了承诺而继续进行讨论。

 #115　解决问题，不要针对个人。

## 关注于利益，而不是死守立场

假设你正打算卖掉车买艘新船，你算了一下，1 万美元才能买到自己想要的船。一位潜在的买家走过来，出价 9000 美元。你说："我绝不可能低于 1 万美元卖出这辆车。"买家说："但我只能出 9000 美元这是我的上限。"

如果以这种方式谈判，人们关注的往往是立场而不是利益。立场是一种非常狭隘的谈判声明，是一种零和游戏，有输赢。

现在，假设买家说："我真的不能超过 9000 美元，但我碰巧知道你想买艘新船，而我恰好是一家大型船舶公司的区域分销商。你想要的船，我可以以低于任何经销商 2000 美元的价格卖给你。现在，你觉得我的提议怎么样？"好吧，现在这个报价听起来不错，因为如果在你原来的立场上做出让步，买家同意以让步后的价格买下你的车，你还赚了 1000 美元。

所以，相比谈判的立场，潜在利益包容性更广，关注这些利益可以为谈判打开更多的可能性。试想一下以下场景。

> **高管**：我们要在 6 个月内交付 Giga-Blat 4.0。

> **技术负责人**：我们对项目进行了仔细的估算。不幸的是，我们的估算显示，我们至少需要 8 个月才能交付。

> **高管**：这不够好。我们真的要在 6 个月内交付。

> **技术负责人**：我们真的需要当前所需要的所有功能吗？如果能削减功能，我们可以在 6 个月内交付。

> **高管**：我们不能削减功能。我们已经把这个版本的功能削减到极致了。我们需要所有的特性，我们需要这些特性在 6 个月之内交付。

> **技术负责人**：6 个月交付的主要制约因素是什么？也许我们可以找到一个创造性的问题解决方案。

> **高管**：我们行业的年度贸易展还有 6 个月就要开始了。如果我们错过了这次展会，就错过了向许多大客户演示软件的机会。实际上会把我们的销售周期延后整整一年。

> **技术负责人**：我真的不能保证在贸易展前及时交付最终的软件版本。但我可以承诺准备一个 beta 测试版本，并且我可以提供一个专业的测试人员，他知道软件所有的问题，而且他可以在展会期间负责操作软件，这样软件就不会出问题。您觉得如何？

> **高管**：如果你能保证软件不至于崩溃，那就可以。

> **技术负责人**：没有问题。

典型的谈判和通过讨论利益来解决问题相比，一个主要的区别是，谈判往往会因为彼此的立场而陷入僵局。对话的转折点出现在技术负责人提出了这个问题：

"6 个月交付的主要制约因素是什么？"这使得对话从争论彼此的立场转变为试图了解公司的利益并解决潜在的业务问题。一旦聚焦于利益，你将更有可能找出一个双赢的解决方案。

## 创造互惠互利的选项

在估算讨论中，你最强大的谈判盟友不是你的估算，而是你的专业能力，这种能力能让你提出非技术项目干系人无法知道的规划选项。作为技术人员，你掌握着技术知识宝库的钥匙，这就把产生创造性解决方案的责任放到了你的肩膀上，而不是别人的肩膀上。你的角色是提出各种可能性和各种权衡。

表 23-2 列出了一些可能打破讨论僵局的规划选项建议。

表 23-2 可能有助于打破讨论僵局的规划选项

**资源相关的规划选项**

- 如果是在进度的早期，添加更多的开发人员或测试人员。
- 如果是在项目的早期，添加合同人员。
- 添加高产能的技术人员（例如，特定领域的专家或更高级的开发人员）。
- 添加更多的行政管理支持。
- 增加对开发人员的支持程度。
- 提高最终用户或客户的参与度。将一位最终用户全职加入项目中，授权他（她）对软件的特性做出有约束力的决策。
- 提高高管的参与度，以加快决策速度。
- 建议另一个团队做一部分工作（但是要注意这可能产生额外的集成问题）。
- 为项目分配 100% 的资源。不要把他们的注意力分散在新项目和旧项目之间或者多个新项目之间。

**进度相关的规划选项**

- 提供一份"估算长期规划路线图"，以制定重新估算和收紧估算的计划。
- 使用估算范围或粗略估算，并随着项目的进展对其进行细化改进。
- 当改进项目需求和规划时，寻找具体针对成本、进度或特性目标进行规划的方法。
- 同意推迟做出具体的承诺，直到完成项目下一阶段的工作（即缩小不确定性锥形所需的工作）。
- 进行一到两个简短的迭代来校准生产率，然后根据团队的实际生产率做出承诺。

关键是要避免这样的争吵："我做不到。""你做得到。""不，我做不到。""能！""不能！"请列出一组选项，并集中讨论这些选项。不要把不可能的选项放入展示之中。避免说"不，我不能那样做！"相反，把讨论转向你能做什么。提出越多对组织最有利的选项，就越容易表明你与正在解决问题的人是站在同一条战线上。

**#116    提出尽可能多的规划选项来支持组织的目标。**

一个警告：在自由讨论解决问题的过程中，在合作融洽和头脑风暴的氛围中，人们常常会轻易地同意一个解决方案，尽管这个方案在当时看起来是个好主意，但有可能到了第二天早上看起来就是个坏主意了。4.8 节中的警告也适用于这种情况。在有足够时间独自冷静地分析之前，不要急着对新的选项做出任何勉强的承诺。

 **#117    当培养出合作解决问题的氛围时，不要基于即兴估算而做出任何承诺。**

## 坚持使用客观标准

软件行业中，有个地方最奇怪，当仔细估算产生的估算结果显著大于预期结果时，客户或经理往往会直接忽略这个估算结果（Jones 1994）。即使估算来自估算工具或外部估算专家，即使组织过去屡次超出其估算，客户或经理也可能这么做。固然，质疑估算是一种有效且有用的做法。但把估算直接扔出窗外，转而用一厢情愿的想法取而代之，并不是什么好办法。

当解决问题这个核心目的注入原则谈判方法时，你自然会去寻求"以任何客观标准来判断都是明智的协定"。你可以和其他人讨论哪些客观标准是最合适的，并且对其他人提出的标准始终保持开放的心态。最重要的是，你不会屈服于压力，而只屈服于原则。为了支持基于原则的讨论，重要的是要认识到对讨论的每个特定部分，谁是最明白事理的话题主导者。

### 技术人员和技术管理人员对估算有话语权

作为技术人员，你占据最佳位置，既熟知工作的技术范围又为之做出估算。因此，你应该是估算的主要权威。

### 非技术项目干系人拥有目标

管理人员、销售人员和市场人员通常站在熟知商业需求和优先级的最佳位置。因此，他们应该是商业目标的主要权威。

### 技术人员和非技术人员共同拥有承诺

承诺是最终必须解决目标和估算之间异同的汇合处。如果大家能够达成一致，即技术人员和技术管理人员是估算的权威，而其他非技术项目干系人是目标的权威，那么大多数讨论将自然聚焦于承诺，而不是互相干涉各自的领域。在讨论中高于一切的原则应该是针对什么样的承诺对本组织最有利而达成一致协议。

在讨论过程中，请牢记以下几点。

**不要对估算本身进行谈判**　澄清估算和承诺之间的区别。不断将讨论拉回到正题上，即做出符合组织最大利益的承诺。

**坚持由有资格的人来准备估算**　最合格的估算人员往往是你（你们）自己。在有些情况下，有资格的估算人员可能是一个独立的第三方估算团队。这样的独立团队是有效的，因为他们既没有在尽可能短的时间内交付软件的既得利益，也没有避免艰苦工作的既得利益。如果对估算本身的讨论陷入僵局，建议将估算提交给第三方，并保证接受第三方的客观估算结果。需要让讨论中的其他各方也同意这样做。

这个方法的一个变体是请一位顾问或外部专家来检查项目的进度安排。不熟悉的专家有时比熟悉的专家更可信。一些组织也成功使用软件估算工具作为第三方结果。这些组织发现，一旦技术人员为特定的项目校准了估算工具，该工具允许他们以一种公正无私的方式客观便捷地探索不同选项的效果。

**参考所在组织的标准化估算流程**　如果你已经采用了标准化估算流程，那么可以避免在大多数情况下为谁应该创建估算而争论不休。这时候很容易说："我们的流程不允许我们针对估算本身进行谈判。让我们讨论一下估算中的假设（比如项目规模）以及组织在项目承诺中所承担的风险的合理水平。"

**经受住暴风骤雨的考验**　虽然人们对承受压力有不同的忍耐力，但如果客户、经理、市场人员或其他项目干系人都希望你为一个不可能实现的目标做出承诺，我认为最好的方法是礼貌而坚定地坚持自己的原则。做好未雨绸缪的准备，宁愿在项目早期忍受不受欢迎的估算所带来的雷雨，也不要在项目后期遭遇进度延期和成本超支的飓风。

假装能达到不可能实现的目标，没有人真的能从中获益，即使有时人们认为他们可以达到。通过促进解决方案，满足老板和客户的真实业务需求，才能实际提高你的可信度。为项目提供可预测性，为组织提高履行承诺的能力，这才是估算的真谛所在。

**#118**    通过回到原点问题 "什么对我们的组织是最好的" 来解决讨论的僵局。

## 更多资源

Fisher, Roger, William Ury, and Bruce Patton. *Getting to Yes*，*2^{nd} Edition*. New York, NY: Penguin Books, 1991. 书中详细阐述了我们这一章所述的原则谈判策略。书中有很多令人印象深刻的趣闻轶事，即使你对谈判不是很感兴趣，也能读到很多有趣的内容。

# 附录 A　估算完整性检查

下面的完整性检查能指示当前项目估算实际运用于管理项目时可能有多大用处。对于每个"是"的答案，给这项检查的估算记 1 分。

**是**

_____ 1. 是否使用标准化的流程来创建估算？

_____ 2. 估算过程中是否没有出现可能导致结果偏差的压力？

_____ 3. 如果为估算展开了谈判，是否只针对估算的输入进行了谈判，而不是针对估算的输出或估算过程本身进行了谈判？

_____ 4. 估算结果的表达方式是否与其准确度相匹配？（例如，如果是在项目的早期，估算值是否表示为范围或粗略的数值？）

_____ 5. 估算是否是使用多种技术创建并收敛到相近的结果？

_____ 6. 估算背后的生产率假设是否与过去类似规模项目的实际生产率有同比水平？

_____ 7. 估算进度是否至少为 $2.0 \times$ 人月 $^{1/3}$？（也就是说，估算值是否在不可能区域之外？）

_____ 8. 实际参与这些工作的人是否参与了估算？

_____ 9. 估算是否经过专家评审？

_____ 10. 估算是否考虑了项目风险对工作量和进度的影响？

_____ 11. 随着项目进入不确定性锥形狭窄的部分，在项目的一系列估算中此时的估算是否会变得更加准确？

_____ 12. 项目的所有元素是否都已包含在估算中，包括创建安装程序、创建数据转换工具和从旧系统切换到新系统等？

_____ 合计（分数相关的说明信息请见下一页）

该估算完整性检查来自《软件估算的艺术》（Steve McConnell），版权所有© 2006 Steve McConnell。保留所有权利。如果包含本版权声明，则允许复制这个小测验。

**得分说明**

10～12 分表明该估算应该非常准确。

7～9 的分数表明该估算结果足以提供项目指导，但该估算可能是偏乐观的。

6 分或更低的分数表明该估算受到显著的偏见、乐观因素或二者均有的影响，并且不够准确，无法为项目管理提供有意义的指导。

# 附录 B　第 2 章小测验的答案

| 题目描述 | 答案 |
|---|---|
| 太阳的表面温度 | 10000°F（华氏度）/ 6000°C（摄氏度） |
| 上海的纬度 | 北纬 31 度 |
| 亚洲的面积 | 17 139 000 平方英里 |
| | /44 390 000 平方公里 |
| 亚历山大大帝的出生年份 | 公元前 356 年 |
| 2004 年美元的总流通量 | 7199 亿美元 [*] |
| 美国五大湖的总容积 | 5500 立方英里 |
| | 23000 立方公里 |
| | $2.4 \times 10^{22}$ 立方英尺 |
| | $6.8 \times 10^{20}$ 立方米 |
| | $1.8 \times 10^{23}$（美制）加仑 |
| | $6.8 \times 10^{23}$ 升 |
| 电影《泰坦尼克号》的全球票房收入 | 18.35 亿美元 |
| 太平洋的海岸线总长度 | 84 300 英里 |
| | 135 663 公里 |
| 自 1776 年以来在美国出版的书籍数量 | 2200 万册（2009 年） |
| 有史以来最重的蓝鲸重量 | 380 000 磅（2019 年最新数据为 410000 磅，相当于 200 吨） |

* 这里的十亿单位是美制的十亿（即 $10^9$），而不是英制的十亿（$10^{12}$）。

# 附录 C　软件估算技巧

## 第 1 章

**技巧 1**：区分估算、目标和承诺。

**技巧 2**：当要求你提供一个估算时，首先要弄清楚是应该做估算还是设法达到目标。

**技巧 3**：当看到一个单点的"估算"时，先弄清楚这个数值实际上是个估算，还是个目标。

**技巧 4**：当看到一个单点估算时，这个数值的概率不会是 100%，问问这个数值的概率是多少。

## 第 2 章

**技巧 5**：不要轻易做出"百分比信心"估算（尤其是"90%信心"），除非有量化基础来支撑这个数值。

**技巧 6**：避免人为地使用狭窄的范围。确保在估算中使用的范围不会歪曲你对估算的真实信心程度。

**技巧 7**：如果你感到有压力让你缩小估算范围，首先核实一下这些压力实际上来自外部，还是来自于自我诱导。

## 第 3 章

**技巧 8**：不要故意低估。低估的代价比高估的代价更严重。不要去故意偏倚你的估算，而是通过计划和控制来解决对过高估算的忧虑。

**技巧 9**：认识到项目的商业目标和估算之间的差异：这是预示项目可能失败的有价值的风险信息。应尽早采取纠正措施，当它还能发挥作用的时候。

**技巧 10**：许多企业更看重可预测性，而不是开发时间、成本或灵活性。确保你明白自己的企业于最看重什么。

## 第 4 章

**技巧 11**：考虑不确定性锥形对估算准确性的影响。你的估算不可能比项目在锥内的当前位置更准确。

**技巧 12**：不要以为不确定性的锥形范围会自动变窄。必须通过从项目中消除可变性来源来迫使锥形收窄。

**技巧 13**：在估算中使用预定义的不确定范围来计算不确定性锥形。

**技巧 14**：解释不确定性的锥形，让一个人做出关于"多少"的估算，让另一个人做出"多少不确定性"的估算，再基于这些估算来计算不确定性锥形。

**技巧 15**：不要期望仅仅依靠更好的估算实践就能够为混乱的项目提供更准确的估算。你不能准确地估算一个失控的过程。作为第一步，修正混乱的状态比改进估算更重要。

**技巧 16**：要解决需求不稳定的问题，请考虑采用项目控制策略而非估算策略，或者在估算策略之外加上项目控制策略。

**技巧 17**：在估算中包括显性的需求、隐含的需求和非功能性需求，即所有需求。没有什么是可以免费获得的，估算也不应该暗示项目会免费得到未估算的部分。

**技巧 18**：在估算中包含所有必要的软件开发活动，而不仅仅是编码和测试。

**技巧 19**：对于持续时间超过几周的项目，应包括休假、病假、培训实践和公司会议等日常活动的折让。

**技巧 20**：不要削减开发人员的估算，他们可能已经过于乐观了。

**技巧 21**：避免在估算中使用"控制旋钮"。虽然控制旋钮可能会给你一种更准确的感觉，但它们通常会引入主观性，会降低实际估算的准确性。

**技巧 22**：不要做出即兴的估算。哪怕是花 15 分钟的估算也会比即兴估算更准确。

**技巧 23**：将估算结果中的有效数字的位数（精确度）与估算的准确度匹配。

## 第 5 章

**技巧 24**：请投入适当的精力来估算将要构建的软件的规模。对于项目工作量和进度的影响，软件规模是唯一最重要的贡献者。

**技巧 25**：不要假设工作量与项目规模呈线性增长。工作量实际上呈指数增长。

**技巧 26**：使用软件估算工具来计算受规模不经济影响的估算。

**技巧 27**：如果之前完成的项目与你现在所估算的项目规模相当（相差倍数在 3 倍以内），那么你可以安全使用基于比率的估算方法，例如用每人月产生的代码行数来估算新项目。

**技巧 28**：在估算中考虑你开发的软件类型。正在开发的软件类型是影响项目工作量和进度的第二大影响因素。

## 第 6 章

**技巧 29**：在选择估算技术时，考虑估算对象、项目规模、开发阶段、软件开发风格以及需要的准确性。

## 第 7 章

**技巧 30**：如果可能的话，首先计数。不能计数的时候就计算。最后的手段才是仅仅依靠判断。

**技巧 31**：寻找一些可以用作计数的东西，在你的环境中它可以被用来有意义地度量工作范围。

**技巧 32**：收集历史数据，这些数据有助于你用计数得到的量化指标计算估算值。

**技巧 33**：不要忽视简单、粗略的估算模型的威力，例如每个缺陷的平均工作量、每个页面的平均工作量、每个故事的平均工作量以及每个用例的平均工作量。

技巧 34：避免使用专家判断来歪曲通过计算得出的估算。这种专家判断通常会降低估算的准确性。

## 第 8 章

技巧 35：使用历史数据作为生产率假设的基础。与总是给未来画饼的共同基金不同的是，组织过去的绩效实际上是你未来绩效的最佳指标。

技巧 36：使用历史数据来避免"我的团队能力低于平均水平"这种假设去引发充满政治色彩的估算讨论。

技巧 37：在收集用于估算的历史数据时，从小处着手，确保你明白自己在收集什么，并始终如一地以同样的假设条件收集数据。

技巧 38：在项目结束后尽快收集项目的历史数据。

技巧 39：在项目进行过程中，定期收集历史数据，这样你就可以构建基于数据的项目运行概况。

技巧 40：使用当前项目中的历史数据（项目数据）为项目的剩余部分创建高度准确的估算。

技巧 41：尽可能使用项目数据或历史数据而不是行业平均数据来校准你的估算。除了使估算更准确之外，历史数据还将减少由生产率假设中的不确定性而导致的估算可变性。

技巧 42：如果现在还没有历史数据，尽快开始收集。

## 第 9 章

技巧 43：要创建任务级别的估算，让实际做这些工作的人做出估算。

技巧 44：创建最好和最差情况下的估算，以激发对全范围所有可能结果的思考。

技巧 45：使用估算检查清单来改善你的个人估算。开发和维护你自己的个人检查清单，以提高估算准确性。

技巧 46：将实际绩效与估算绩效进行比较，这样随着时间的推移，你就可以改善你的个人估算。

第 10 章

技巧 47：把大的估算分解成小的部分，这样你就可以利用大数定律：偏向高侧和低侧的误差在某种程度上相互抵消。

技巧 48：使用通用的软件项目工作分解结构（WBS）来避免遗漏常见的活动。

技巧 49：使用简单的标准偏差公式为 10 个或更少任务计算有意义的总体最佳和最差情况估算。

技巧 50：当有大约 10 个或更多的任务时，使用复杂的标准偏差公式来计算有意义的总体最佳和最差情况估算。

技巧 51：不要将最佳情况和最差情况之间的范围除以 6 来得出单个任务估算的标准偏差。根据估算范围的准确度选择除数。

技巧 52：要特别注意使期望情况的估算准确。如果多个个体估算是准确的，总体估算不会产生问题。如果单个估算不准确，在找到使其准确的方法之前，总体估算必然有问题。

第 11 章

技巧 53：通过与过去类似的项目进行比较来估算新项目，最好将估算分解为至少五个部分。

技巧 54：不要通过加入偏见估算来解决估算中的不确定性。在估算中通过用代表不确定性的术语表达来解决不确定性。

第 12 章

技巧 55：使用模糊逻辑来估算用代码行表示的程序规模。

技巧 56：考虑在项目的早期阶段使用标准组件作为一种工作量不大的技术来估算项目规模。

技巧 57：在迭代项目中基于项目自身数据，使用故事点方法来获得项目工作量和时间的早期估算。

技巧 58：在计算使用数理性尺度的估算时要谨慎。请确保尺度中的数值化类别实际上按数值比例工作，而是不像小、中、大这样的语义类类别一样有模糊的尺度比例。

技巧 59：当项目处于不确定性锥形较宽的部分时，使用 T 恤尺码来帮助非技术的项目干系人确定特性的进或出。

技巧 60：使用基于代理的技术来估算测试用例、缺陷、用户文档页面以及其他难以直接估算的量化指标。

技巧 61：使用你所在环境中最容易计数和能提供最准确数据的东西来计数，收集关于该数据的校准数据，然后使用该数据创建非常适用于你所在环境的估算。

## 第 13 章

技巧 62：使用团队评审来提高估算的准确性。

技巧 63：使用宽带德尔菲技术进行项目早期估算，用于不熟悉的系统以及当项目本身涉及多个不同专业领域时。

## 第 14 章

技巧 64：使用估算软件工具来为手工方法创建的估算做健康性检查。规模较大的项目应该更多地依赖于商业估算软件工具。

技巧 65：不要把软件估算工具的输出结果当作神圣的启示。需要对估算工具的输出结果和其他估算一样做健康性检查。

## 第 15 章

技巧 66：使用多种估算技术，并在结果中寻找收敛或发散。

技巧 67：如果不同的估算技术产生不同的结果，试着找出导致结果不同的因素。继续重新估算，直到不同的技术产生的估算结果收敛到大约 5% 的范围。

技巧 68：如果多个估算结果一致，却与商业目标不一致，那么请相信这些估算结果。

## 第 16 章

**技巧 69**：不要对估算的结果进行争论。将输出视为给定结果。仅通过更改输入和重新计算来更改输出。

**技巧 70**：首先关注于估算规模。然后根据规模估算来计算工作量、时间、成本和特性。

**技巧 71**：在项目中重新估算。

**技巧 72**：随着项目时间推移，从不太准确的估算方法切换为更准确的估算方法。

**技巧 73**：当你准备好分派具体的开发任务时，就可以切换到自底向上的估算技术。

**技巧 74**：当你错过一个项目节点的最后期限而需要对项目重新估算时，新的估算应该基于项目的实际进展，而不是基于项目原来计划的进展。

**技巧 75**：以一种可以随着项目进程收紧估算的方式来展示你的估算。

**技巧 76**：提前与其他项目干系人沟通重新估算计划。

## 第 17 章

**技巧 77**：在组织层面制定一个标准化的估算流程，并在项目级别使用该流程。

**技巧 78**：标准化的估算流程应与 SDLC 相结合。

**技巧 79**：回顾项目估算结果和估算流程，这样就可以提高估算的准确性，并将创建它们所需的工作最小化。

## 第 18 章

**技巧 80**：使用代码行来估算规模，但是要记住简单度量的普遍限制和 LOC 度量的具体危害性。

**技巧 81**：通过对功能点的计数可以得到项目早期准确的规模估算。

**技巧 82**：在项目的早期，可以使用荷兰方法计算出功能点，获得一个低成本的粗略估算。

**技巧 83**：在不确定的锥形的较宽部分，使用 GUI 元素可以花费较低工作量得到一个粗略估算。

**技巧 84**：因为规模估算是所有其他估算的基础，所以值得选用更好的估算方法。正在构建的软件系统的规模是项目中最大的成本驱动因素。请使用多种规模估算技术使你的规模估算更准确。

## 第 19 章

**技巧 85**：使用基于估算科学的软件工具，从规模估算中最准确地计算工作量估算。

**技巧 86**：在不确定性锥形较宽的部分，使用行业平均工作量图来获得粗略的工作量估算。对于规模较大的项目，请记住，使用更强大的估算技术会更经济划算。

**技巧 87**：使用 ISBSG 方法来算出一个粗略的工作量估算。将它与其他方法结合起来，在不同的估算结果中寻找收敛或发散。

**技巧 88**：在同一个项目中，并不是所有的估算方法的现实性都是的平等的。在寻找估算结果之间的收敛或分散时，要赋予更高权重去考虑那些易于产生最准确结果的技术。

## 第 20 章

**技巧 89**：在中型到大型项目的早期使用时间进度基本方程来估算进度。

**技巧 90**：在小到大的项目中，都可以使用与过去项目的非正式比较公式来估算早期的进度。

**技巧 91**：使用琼斯的一阶估算实践在项目早期产生一个低准确度（但也花非常少的工作量）的进度估算。

**技巧 92**：不要在不增加工作量的情况下缩短进度估算。

**技巧 93**：不要把一个期望进度缩短超过 25%。换句话说，不要把估算放在不可能的范围内。

**技巧 94**：通过延长进度和使用更小的团队进行项目来降低成本。

**技巧 95**：对于中等规模的商业系统项目（35 000 到 100 000 行代码），避免将团队规模增加到 7 人以上。

**技巧 96**：使用进度估算来确保你的计划是可信的。使用详细的项目规划来产生最终的时间进度。

**技巧 97**：在多个估算结果之间寻找收敛性或发散性之前，从你的估算数据集中先删除过于通用的估算技术所产生的结果。

## 第 21 章

**技巧 98**：当为项目中不同的活动中分配工作量时，需要考虑项目规模、项目类型以及用于创建初始整体估算的校准数据中所包含的工作量类型。

**技巧 99**：在为不同的活动分配进度时，要考虑项目的规模、类型和开发方法。

**技巧 100**：使用行业平均数据或历史数据来估算项目将产生的缺陷数量。

**技巧 101**：使用缺陷消除率数据来估算在软件发布之前，你的质量保证措施将从项目软件中消除的缺陷数量。

**技巧 102**：将项目的总计风险承担（RE）作为缓冲区规划的起点。检查项目特定风险的细节，以了解你是否应该在项目规划中将缓冲区最终设定为大于或小于总 RE。

**技巧 103**：项目规划和项目估算是息息相关的，项目规划是一个很大的主题，一本软件估算的书花一章的篇幅来讨论这个主题只能窥见一斑。请阅读更多文献以深入了解项目规划。

## 第 22 章

**技巧 104**：记录并沟通估算中所包含的假设。

**技巧 105**：确保自己理解展示的不确定性是估算的不确定性，还是影响履行项目承诺的不确定性。

**技巧 106**：不要向其他项目干系人展示可能性渺小的项目结果。

**技巧 107**：考虑用图形化形式替代文本来展示估算。

**技巧 108**：使用一种估算展示风格，以强调想要传达的关于估算准确性的信息。

**技巧 109**：不要试图把承诺用一个范围来表达。承诺必须是具体的数值。

## 第 23 章

**技巧 110**：高管坚定果断的特征是由于自身性格和职责需要共同决定的，理解这一点，并根据这个特征来规划你的估算讨论。

**技巧 111**：注意目标所受到的外部影响。需要清楚地传达你对商业需求及其重要性的理解。

**技巧 112**：你可以为承诺谈判，但不要为估算谈判。

**技巧 113**：对非技术项目干系人进行教育，使其了解有效的软件估算实践的相关知识。

**技巧 114**：将估算讨论视为解决问题，而不是谈判。认识到所有项目干系人都站在同一条战线上。要么每个人都赢，要么每个人都输。

**技巧 115**：解决问题，不要针对个人。

**技巧 116**：提出尽可能多的规划选项来支持组织的目标。

**技巧 117**：当培养出一种合作解决问题的氛围时，不要基于即兴估算做出任何承诺。

**技巧 118**：通过回到原点问题"什么对我们的组织是最好的"来解决讨论的僵局。